時報漫畫叢書79

兵學的先知

蔡志忠◎漫畫

孫子說

◉蔡志忠小檔案

本名：蔡志忠
籍貫／台灣彰化
出生／卅七年二月二日
經歷／民國五十二年起開始畫連環漫畫
民國六十年任光啓社電視美術指導
民國六十五年成立遠東卡通公司、龍卡通公司
拍攝卡通作品有「老夫子」第一、第三集、「烏龍院」
◉「老夫子」第一集獲七十年最佳卡通影片金馬獎
民國七十二年開始在報章雜誌發表四格漫畫，作品並在新加坡、香港、馬來西亞、日本報章長期連載
民國七十四年獲選爲全國十大傑出青年
已發表漫畫有：大醉俠、肥龍過江、光頭神探、西遊記三十八變、盜帥獨眼龍、自然的簫聲莊子說、智者的低語老子說、御風而行的哲思列子說、仁者的叮嚀孔子說、日本行脚、六朝的清談世說新語、尊者的棒喝禪說、曹溪的佛唱六祖壇經、歷史的長城史記、博大的學問大學、和諧的人生中庸、封神榜、儒者的諍言論語、悲歡的歌者唐詩說等。

決勝於千里之外

——序蔡志忠漫畫「孫子說」

三軍大學政研所上校教官
七十八年國軍軍事著作獎得主 ◎吳傳國

自從蔡志忠先生以漫畫方式，將四書廣爲介紹給社會大衆以後，普遍獲得社會好評。我們軍中爲了陶冶官兵心性，發揚軍中倫理，也曾特別大量印發給官兵們閱覽。當時我就有個意念，希望讓蔡先生，以他的生花妙筆，將古代兵書，也繪畫成册，很令人欣慰，蔡先生做到了。

孫子兵法是一部兵學精華，也是世界史中研究戰略戰術原理的第一部著作。書中所載學理，至今仍被中外兵學家所推崇。我個人對孫子也是極其景仰，孫子十三篇可以說是字字珠璣，比美老子的「道德經」，精密細微，顛撲不破，眞可說是一部兵學聖書。爲了不讓這部寶典被忽略，我特別要求國軍幹部，凡是要進修深造教育的，孫子兵法是必考科目，其用意也就是希望國軍的將校們，能習得孫子的眞傳。

戰爭原是門藝術，它是以科學爲基礎的一種藝術，軍隊的武器、裝備、人員的管理、訓練等，屬於科學的範疇，須講求科學的精神與方法，但是用兵則屬於藝術的範疇。藝術與科學不同，科學上相同的原因，必然產生相同的結果；藝術則不然，藝術在同一原則之下，所產生的結果，可以說絕對的不一致。戰爭也是一樣，儘管條件相同，但是產生的結果不可能完全一致，所以中外戰史上，從來沒有二次相同的戰爭，也沒有二次相同的勝利。孫子在「虛實篇」曾說：「戰勝不復」。他的用意就是要我們對戰爭應做活的反應，絕不可一陳不變、盲目妄動。惟有以軍事哲學的修養和科學的計算，才能達到「多算勝」的功效。

英國名將魏菲爾將軍，將戰爭比喻是活的藝術，他說：「如果你在畫着畫，別人把你的紙一拉，或者是把你的畫筆偷走，而你能在別人搗亂的狀況下，創造出一個完美的作品來，那麼這個藝術就很了不起。」雖然我們每一個人未必是那藝術的執筆者，但是孫子兵書正是活的藝術創作。它給我們繪製了一幅偉大的兵學藍圖，讓我們後世人得以臨摹。

當然，蔡先生的作品是要普及大衆的，因此不能祇講戰爭的道理。但是戰爭與人生相同，戰爭是智慧的產物，戰勝者即是智慧較高者。同樣的，一個成功者，他往往也是運用高度的智慧所致。話又說回來，人生如此，商場、企業、乃至軍國大計，又何嘗不然呢？

我以爲蔡志忠先生是懂孫子兵法的，這些年，他以漫畫方式介紹古籍，早已開闢了他作品的空間，如今我們一方面透過他景物的描繪；一方面研讀孫子的思想結晶，相信大家會得到意想不到的收穫。

兵學的先知——孫子

——序蔡志忠漫畫「孫子說」

◉徐瑜

自有人類以來，戰爭在歷史上就未曾停止。中國歷史上相傳黃帝曾以七十戰而定天下，黃帝之後，五千年間，無代不有戰爭，國家由戰爭而立，亦由戰爭而亡，國家在戰爭之中交替興革，歷史也在戰爭之中隨之演進。呂氏春秋上說：「古聖王有義兵，而無偃兵。兵之所自來者上矣，與始有民俱。凡兵也者，威也；威也者，力也。民之有威力，性也，性也者，所受於天也，非人之所能為也。武者不能革，而工者不能移，兵所自來者，久矣。」（孟秋紀）呂氏春秋自人性說明戰爭之起源，雖不無商榷之處，但是戰爭無法在人類社會中消弭，却是不可否認的事實，因此人類對於戰爭應有正確的知識和認識。

戰爭既是人類社會所不可避免者，所以歷代講武論兵者，均就不同的角度去觀察戰爭、研究戰爭，以期求得一種適應戰爭的態度和方法，孫子就是其中最傑出者。孫子是中國最偉大的兵學大師，他所身處的時代正是戰爭最頻仍；諸侯兼併最劇烈的春秋時代，而他的十三篇兵法，不僅言簡意深，歸納出戰爭的原理原則，而且是最有系統的軍事理論，舉凡戰前之準備，策略之運用，作戰之佈署，敵情之研判等，無不詳加說明，巨細靡遺，周嚴完備，我國歷代將帥沒有不讀「孫子兵法」這部書的，凡是講武論兵者，皆以孫子的兵學思想為依歸，孫子所主張的「智」、「信」、「仁」、「勇」、「嚴」，成為兩千五百年來中國軍人的「武德」，也塑造了中國軍人的典型。

在孫子的兵學思想薰陶下，歷代名將幾乎皆循著他所揭示的戰爭原理原則，統軍作戰，克敵制勝，他在中國兵學上的地位，如同孔子在儒學上的地位一樣，因此我們可以說：孫子是中國的「兵聖」。

「孫子兵法」問世後，即廣泛的流傳，韓非子「五蠹」篇中說：「今境內之民皆言兵，藏孫吳之書者家有之。」可見早在戰國時代即已家喻戶曉。漢代時，武帝看大將軍霍去病不好古籍，「嘗欲教之以孫吳兵法。」（見漢書列傳）三國時，曹操最讚賞「孫子兵法」，他是第一個為兵法做註解的人。曹操之後，歷代都有人研究，有的從文字的意義註釋；有的就語句的內容發揮；有的用以往的戰史印證；計有百餘家之多，「孫子兵法」受到歷代的重視程度，可見一斑。民國以後，研究「孫子兵法」者，不僅對十三篇原文多方考訂校正，而且自現代軍事觀點發揮孫子兵學精義，我國軍更以孫子兵法為指參必修課程；將校必讀兵書，軍事教育單位對孫子之戰略戰術思想研究最多，也最深入。

不僅我國軍事教育重視「孫子兵法」，世界各國亦莫不然。日本接觸「孫子兵法」最早，也最用心研究，平安時代滕原佐世的「國見在書目錄」中已有記載，相傳是奈良時代的吉備眞備所帶回。日本歷代對「孫子兵法」的註家之多，不在我國之下，而且分流派，如「北條派」、「山鹿派」等，各有其師承。早期日本流傳的兵法，如「甲陽軍鑑」、「信玄全集」、「兵法記」、「兵法秘傳」等，都是以孫子的兵學思想爲中心，日本人是崇拜孫子，尊稱他爲「東方兵聖」，以示崇敬。

在歐美方面，一七七二年時，傳敎士亞茂德(J.J.M. Amicy)譯「孫子兵法」爲法文，名爲：「中國之軍事藝術」(Art Militaire des Chinois)，這大概是第一部西方譯本，拿破崙及德皇威廉第二均曾大加讚賞。另外英人蓋爾斯則在一九一〇年出版：「孫子的戰爭藝術」(Sun Tzu on the Art of War)英文譯本，此後歐美各軍事院校均以「孫子兵法」爲必讀經典。一九六四年美國陸軍湯瑪斯將軍編輯的：「戰略之根基」(Koots of Strategy)中，也以「孫子兵法」爲世界兵學代表作之一，可見「孫子」在現代軍事思想中的價值，孫子實在可以稱爲「世界兵聖」。

「孫子兵法」一共是十三篇，這十三篇是：始計、作戰、謀攻、軍形、兵勢、虛實、軍爭、九變、行軍、地形、九地、火攻、用間。構成一套體系完整的戰略戰術思想。但由於孫子的時代距今已有兩千五百年，所以在文學語法所限下，一般人不盡能通識其中蘊含的意義，尤其不易成爲通俗性的讀物，而現在新中國出版社特別禮聘蔡志忠先生，以漫畫的方式，把十三篇「孫子兵法」圖解說明，不但文字使用白話，讓人人能懂，而且人物造型也完全通俗化，使讀者可以在畫中人物身上，理解兵學的基本知識，這可說是一項空前的創舉，值得大力推廣。

其實，孫子的思想不僅影響中外軍人，即一般人而言，孫子所創立的許多觀念也早已深深的注入中國人的腦海中，舉例而言，如：「勝兵先勝」、「不戰而屈人之兵」、「知己知彼」、「以迂爲直」、「攻其無備、出其不意」、「致人而不致於人」等，這些觀念已不是單純的軍事術語，同時也成爲一般人習見的口語，這些口語所涵括的意義，正代表許多中國人行爲上的準繩，往往在不知不覺之中，運用這些原理原則，只是一般人習焉不察罷了。所以蔡志忠先生運用他的繪畫技巧，把經典用通俗漫畫表達出來，讀起來倍感親切，正是這個道理。而讀者透過蔡志忠先生的筆觸，一定也可以對孫子的兵學思想，有深入淺出的體會，那麼新中國出版社推出的這一部畫冊，實在是極有意義的一件事了。

略論「孫子兵法」的時代價值

——序蔡志忠漫畫「孫子說」

◎丁肇強

根據「吳越春秋」這部書的記載，孫子是在吳王闔閭三年（公元前五一二年），經由伍子胥的推薦，吳王乃特別召見孫子，問以兵法，書上的原文說：「每陳一篇，王不知口之稱善，其意大悅！」這是「孫子兵法」正式問世的時間和情況，距今已達二千五百年，在這二千五百年當中，我國歷代的名將，很少有人沒有讀過「孫子兵法」。最著名的如：幫助漢高祖劉邦擊敗項羽，建立大漢王朝的韓信；輔弼漢光武帝劉秀擊敗王莽，完成中興大業的馮異；襄助唐太宗李世民剷平群雄，底定天下的李靖；以及長於機動作戰，善能以寡擊衆的南宋抗金名將也是永受後世敬仰的民族英雄岳飛，都是熟讀並精通「孫子兵法」的翹楚，甚至可以說是「孫子兵法」的最傑出實踐者。

由於歷代名將於熟讀並精通「孫子兵法」之後，在事功上有了卓越的表現和成就，從而引起後世對於「孫子兵法」研究的興趣，同時也有了很高的評價。例如：

魏武帝曹操說：「吾觀兵書戰策多矣，孫武所著深矣。」（曹操集孫子兵法序）。

宋・蘇洵說：「孫武十三篇兵家舉以爲師，然以吾評之，其言兵之雄乎！今其書論奇權密機，出入神鬼，自古以兵著書者，罕所及。」（嘉祐集）。

明・戚繼光說：「孫武子兵法文義兼美，雖聖賢用兵，無過於此。」（止止堂集）。

明・茅元儀說：「先秦之言兵者六家，前孫子者，孫子不遺；後孫子者，不能遺孫子。」（武備志卷一兵訣詳序）。

清・孫星衍說：「古之名將，用之則勝，違之則敗，稱爲兵經，比于六藝，良不媿也。」（四部備要子部孫子兵法序）。

這些評價，獲得了外國來華的傳教士的重視，於是多方蒐集「孫子兵法」，並譯成各國文字，使其流傳到國外，美國將之列爲軍官必讀書籍之一；日本的研究，更由軍事領域推廣到商業競爭，而且已蔚成風氣，方興未艾！

「孫子兵法」雖然已經受到世界上主要國家的重視，但它畢竟是二千五百年前的著作，今天已進入了太空時代，還有沒有繼續研究的價值？這是一個值得探討的問題，現在先引用兩位外國朋友的話，作爲答案的一部份。

美國陸軍准將湯瑪斯・R・菲力普斯說：「約在公元前五百年撰寫的孫子兵法，是世界上最古老的軍事論著，它非常精簡，專注於原則，至今保有其原來的價值，對於能將其原則加以活用，以適應現代戰爭的軍界後進，即使在撰寫後二千四百餘年的今天，仍爲遂行戰爭之寶貴指南。」（一九六四年出版之「戰略之根基」第一部「孫子兵法序」）。

美國當代戰略家柯林士先生說：「現有戰略的主流，在古代世界都已出現，……在那種環境中，形成戰略思想的第一位偉人就是孫子，……他對於戰爭藝術寫下了世界上所已知的一部最早的著作，他那短短的十三篇，是古今中外的第一傑作，連克勞什維茨在二千二百年後所寫的戰爭論，也是望塵莫及，今天尚無一人對於戰略的相互關係、攷慮和限制等，能夠有比較更深入的認識，其大部份觀念在我們當前的環境中，還是和當年一樣的有價值。」（「大戰略」之「戰略思想的演進（代導言）」）。

以上所引述這兩位外國朋友的話，雖然只算是答案的一部份，但無異對「孫子兵法」的時代價值，投了肯定的一票。

其次，倡導「間接路線」的英國近代戰略家李德哈達（一八九五—一九七〇）在其名著「戰略論」一書中所強調的「戰略完美的境界，是在追求一個決定性的戰果，而不需要經過任何慘烈的戰鬥。」與「孫子兵法」中所強調的「不戰而屈人之兵，善之善者也。」如出一轍，而其八條「戰略和戰術的基本要點」中的「選擇一條期待性最少的路線」和「擴張一條抵抗力最弱的路線」這兩條，與「孫子兵法」中所強調的「攻其無備，出其不意。」和「兵之情主速，乘人之不及，由不虞之道，攻其所不戒也。」也毫無二致。換句話說，並沒有超出「孫子兵法」的範疇。而且目前在世界上爭霸的美、蘇兩大超級強國的全球戰略，從若干跡象分析，似乎都採用了李德哈達的間接路線戰略思想，也都以「孫子兵法」中「不戰而屈人之兵」爲理想目標，美國前任總統雷根於一九八一年五月二十七日，在對西點陸軍官校師生的講話中，特別引用了「孫子兵法」中「百戰百勝，非善之善者也；不戰而屈人之兵，善之善者也。」的名言，更明白地顯示了美國是在努力追求此一理想目標。而美、蘇雙方近年來都在積極從事企圖在太空發動攻擊的太空戰略計劃的研究發展，又何嘗不是受了「孫子兵法」中「善攻者動於九天之上」這一理念的啓示。同時民國七十二年二月二十一日的中國時報，轉載了美聯社於一九八三年二月十九日，在華盛頓的報導說：「美國陸軍已開始採用孫子兵法，側重深入敵後作戰。」凡此，皆是以更進一步，也更有力地證明了「孫子兵法」的時代價值。

最後，今（七十七）年四月十一日的聯合報，根據來自日本東京的電訊，發佈一則新聞說：「聯合國教科文組織已將『孫子兵法』列入『中國代表作叢書』」。這是國際文教組織對「孫子兵法」的學術地位和時代價值的雙重肯定，也是我們全體中國人的光榮！遺憾的是，目前國人對於「孫子兵法」的研究，似欠積極！欣聞新中國出版社將編著出版「孫子兵法畫集」，希望能藉此引起國人對於「孫子兵法」的研究興趣，如能組成學會，共同研究，集思廣益，使「孫子兵法」中所揭櫫的戰略思想，能發揚光大，日新又新，以永遠保持其時代價值，則更爲理想！

兵家的先知——孫子說

◉目錄

孫子兵法（生平）

春秋時期吳國孫武者，後世人尊爲孫子
不但是出類拔萃的軍事天才
而且是中國歷史上首屈一指的兵學大師
他建立了中國軍人的武德
也塑造了中國軍人的典型

兵學的先知　孫子說

孫子是中國的兵聖，他與古代兵學是分不開的，中國歷代講武論兵，沒有不談孫子兵法的，正如明人茅元儀所說：「孫子之前的兵學精義，孫子兵法中包羅無遺，孫子之後的兵學家，在談論兵學時都不能超出孫子的範圍。」（語見茅氏武備志）可見孫子實在是中國承先啓後的兵學大師。

兵學的先知　孫子說

照「史記」的說法，孫子是齊國人；照「吳越春秋」的說法，孫子是吳國人，不過兩書都指出孫子是春秋時代末期的兵學家，在吳王闔閭三年至十年間，在吳國為將。

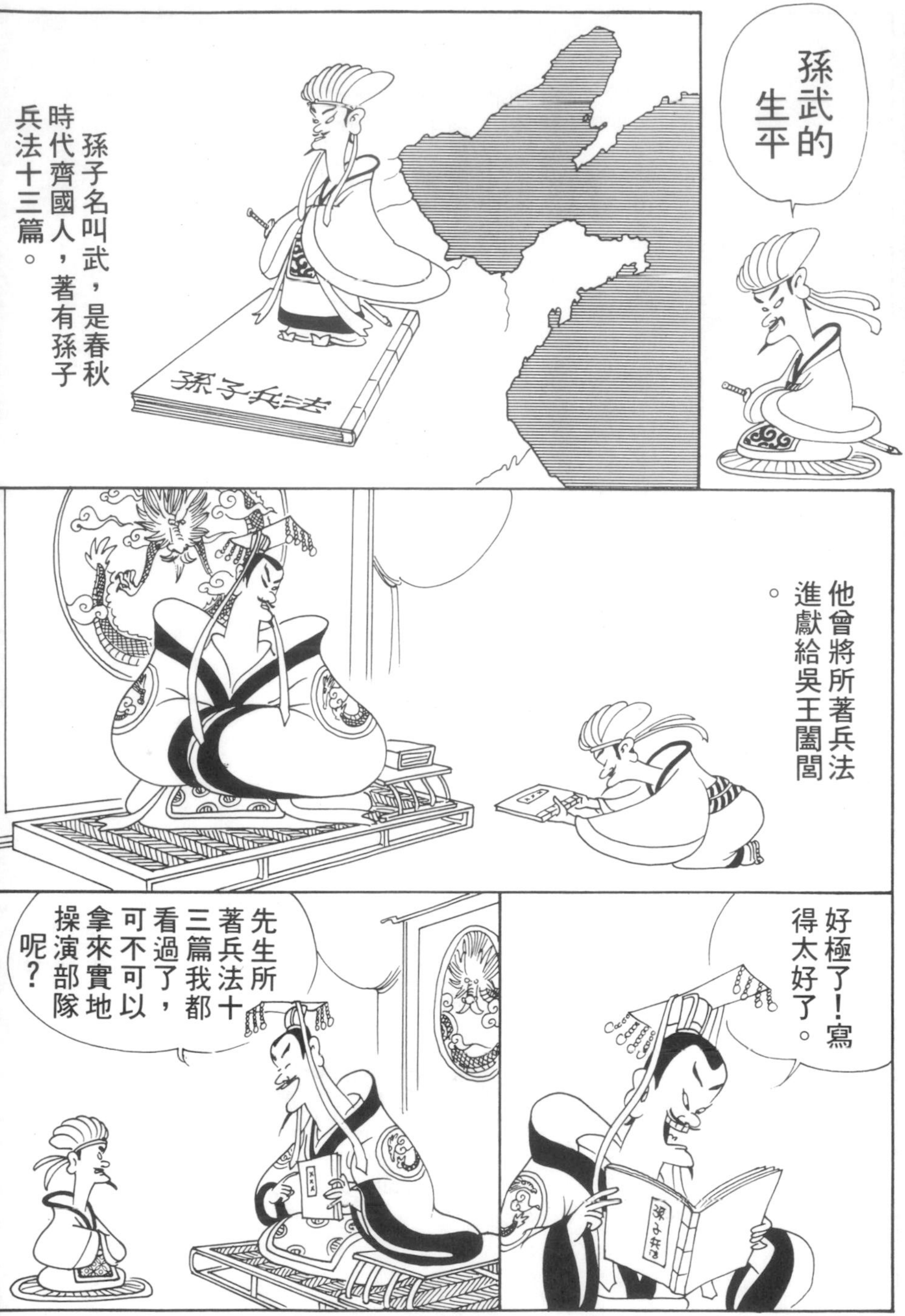
孫武的生平
孫子名叫武，是春秋時代齊國人，著有孫子兵法十三篇。
孫子兵法
他曾將所著兵法進獻給吳王闔閭。
好極了！寫得太好了。
先生所著兵法十三篇我都看過了，可不可以拿來實地操演部隊呢？

「史記」和「吳越春秋」都有孫子操練宮女的記載，不過後世多有所懷疑，宋代的葉適反對最力，他在「習學記言」上特別指出這是「誇大其詞，不足採信」。

當然可以。
可以用婦女來演練嗎？
可以。
於是吳王便傳旨，找來一百八十名宮女，孫子將他們編成兩隊，令吳王的兩位寵姬分任隊長，並令全體持戟。
妳們知道胸部、左右手和背面的位置嗎？
知道。
知道。

兵學的先知 孫子說

關於孫子操練宮女的記載，因年代久遠，已難考訂其真偽，不過「史記」和「吳越春秋」均指陳歷歷，也不能臆斷其非。

好！等一下我發令時，妳們就要朝自己前胸所對的方向看。
我說左就看左手，右就看右手，右後就往背後看，明白了嗎？
明白。
準備刑具侍候，誰不聽令行事就依軍法處分。
遵命
注意聽我的口令，依命令行動！

兵學的先知 孫子說

司馬遷的「史記」和趙曄的「吳越春秋」是記載孫子事蹟較為詳細的兩部書，除此之外，荀子「議兵」篇、韓非子「五蠹」篇、國語「魏語」，都曾提到孫子善用兵，其他有關家世、出身等，則均無記載。

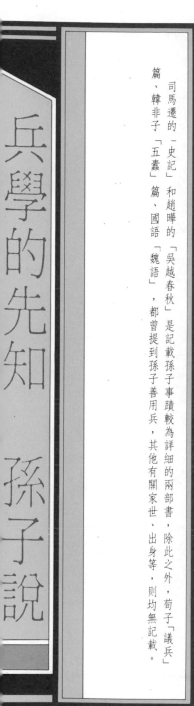

嘻嘻嘻嘻
約束不明，申令不清楚這是爲將者的過錯；
爲人將帥者，既已將各種約束及申令都交待清楚了，可是士兵還不照號令操作，這便是士兵的過錯。
達令者斬，士卒不可盡殺，隊長當受其罪。
哇！饒命啊！
呀！
寡人已曉得將軍能用兵了。但失去兩位寵姬寡人將食不知味。

兵學的先知 孫子說

依「吳越春秋」的說法，孫子見吳王闔閭是經由吳子胥的推荐。吳子胥七次力荐，吳王闔閭才任命孫子為將，顯見闔閭是經過相當時間觀察後，才任命孫子做將帥的。

吳、楚原為世仇，吳子胥本來亦在楚國為官，因避禍而逃至吳，所以伐楚成為闔閭和吳子胥的共同目標，而孫子在受到賞識重用後，成為伐楚的大將。

將軍你就放過她們，就別斬她們吧。
臣既已受命爲將，將在軍治兵，君命有所不受。
將兩人斬首示衆！
哇！
哇！
啊……

向前起步走。
一、二
一、二
一、二
咚！
孫子另命二位宮女爲隊長，於是再擊鼓下號令，這次宮女們完全遵照號令行動，再也不敢出聲嬉笑。
隊伍已操練整齊，大王可以下來親自校閱。
現在這支部隊任憑大王想怎麼樣使用都可以，既使赴湯蹈火也可以辦到。
請將軍解散部隊，自行回賓館休息吧！寡人沒有心情下去看了。

吳、楚雖為世仇，雙方爭戰近六十年之久，但吳國土地較小，兵力不足，始終無法越過桐柏山、大別山一線，攻入楚國境內。直到闔閭任命孫子為將後，才有了嶄新的戰略戰術觀念，長驅直入楚地。

吳王闔閭九年、周敬王十四年，西元前五〇六年，吳軍終於攻破楚國國都郢，以一小國的少數兵力而能轉戰千里，大敗楚國這樣的一流強國，若非一代兵學大師孫子策畫，吳軍絕不可能有如此優異的表現，所以司馬遷在「史記」上稱讚說：「西破強楚，入郢，北威齊晉，顯名諸侯，孫子與有力焉。」

大王只是喜歡兵法理論，但却不能用理論來實際用兵啊……
吳王闔閭雖然不悅，但也明白孫子眞能用兵，後來終於用孫子爲將。
吳
此後，闔閭以一個小小的吳國，西破強楚，攻入郢都；北上中原，威震齊晉；
使吳國的聲名顯揚於春秋諸國，那幕後的功臣就是孫子啊！
不動如山
侵略如火
徐如林
疾如風
孫子兵團
令

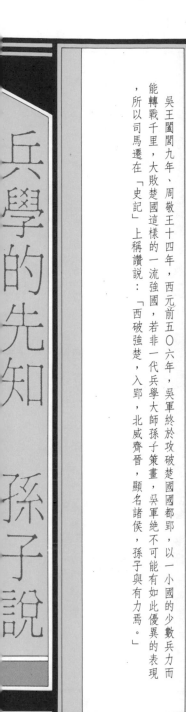

「始計」是孫子兵法十三篇之首，原來古本兵法沒有「始」字，只稱「計篇」，後來做註解的人才加上「始」字。

「計」的意思很廣泛，在這裡至少有三個含義：一是計畫、計謀；二是計算、比較；三是預計、分析。其目的就是說明戰爭前的各項準備工作，特別強調戰爭之勝負取決於戰前的籌畫。

始計篇 第一

孫子曰：兵者，國之大事，死生之地，存亡之道，不可不察也。

故經之以五事，校之以計，而索其情，一曰道，二曰天，三曰地，四曰將，五曰法。

道者，令民與上同意，可與之死，可與之生，而不畏危也。天者，陰陽、寒暑、時制也。地者，遠近、險易、廣狹、死生也。將者，智、信、仁、勇、嚴也。法者，曲制、官道、主用也。凡此五者，將莫不聞，知之者勝，不知者不勝。

故校之以計，而索其情。曰：主孰有道，將孰有能，天地孰得，法令孰行，兵衆孰強，士卒孰練，賞罰孰明，吾以此知勝負矣。將聽吾計，用之必勝，留之；將不聽吾計，用之必敗，去之。

計利以聽，乃爲之勢，以佐其外；勢者，因利而制權也。

兵者，詭道也。故能而示之不能，用而示之不用，近而示之遠，遠而示之近。利而誘之，亂而取之，實而備之，強而避之，怒而撓之，卑而驕之，佚而勞之，親而離之。攻其無備，出其不意，此兵家之勝，不可先傳也。

夫未戰而廟算勝者，得算多也；未戰而廟算不勝者，得算少也；多算勝，少算不勝，而況於無算乎？吾以此觀之，勝負見矣。

由於戰爭之勝負關係國家之存亡，人民之生死，所以各種比較分析，務必非常慎重、籌畫精密，則取勝的公算大；籌畫草率，則取勝公算小，如果冒冒失失，毫無計畫的興兵作戰，則必難逃失敗的命運。

始計
1
戰爭是國家的大事，關係人民的生死，
2
也關係到國家的存亡，
3
所以不能不細心研究和慎重考慮的。

兵學的先知 孫子說

「道、天、地、將、法」，孫子稱之為「五事」，所謂「道」，主要指政治修明、政治不修而窮兵黷武，則作戰必敗。「天」則泛指天象、天候等，是作戰時必須考慮的條件。「地」是包括地形、地理因素等空間條件。「將」是指統軍將帥的能力才識。「法」則是包括紀律、制度、效率等。這五件「事」是作戰前，先需要考量的要項。

道、天、地、將、法
所以要從五方面來比較，核算，探求其事實。
第一是治道、
第二是天時、
第三是地理、
第四是將領、
第五是紀律。

孫子解釋「道」：「令民與上同意，可與之生；可與之死，而不畏危也。」這裡所應注意的是「令民與上同意」，所謂「同意」，就是人民與政府之間，有共同的信念、目標，要做到這樣，必須愛民、親民，唯有全民竭誠擁護的政府，才能使民衆無懼戰爭的危險，為實現共同的目標而奮戰。

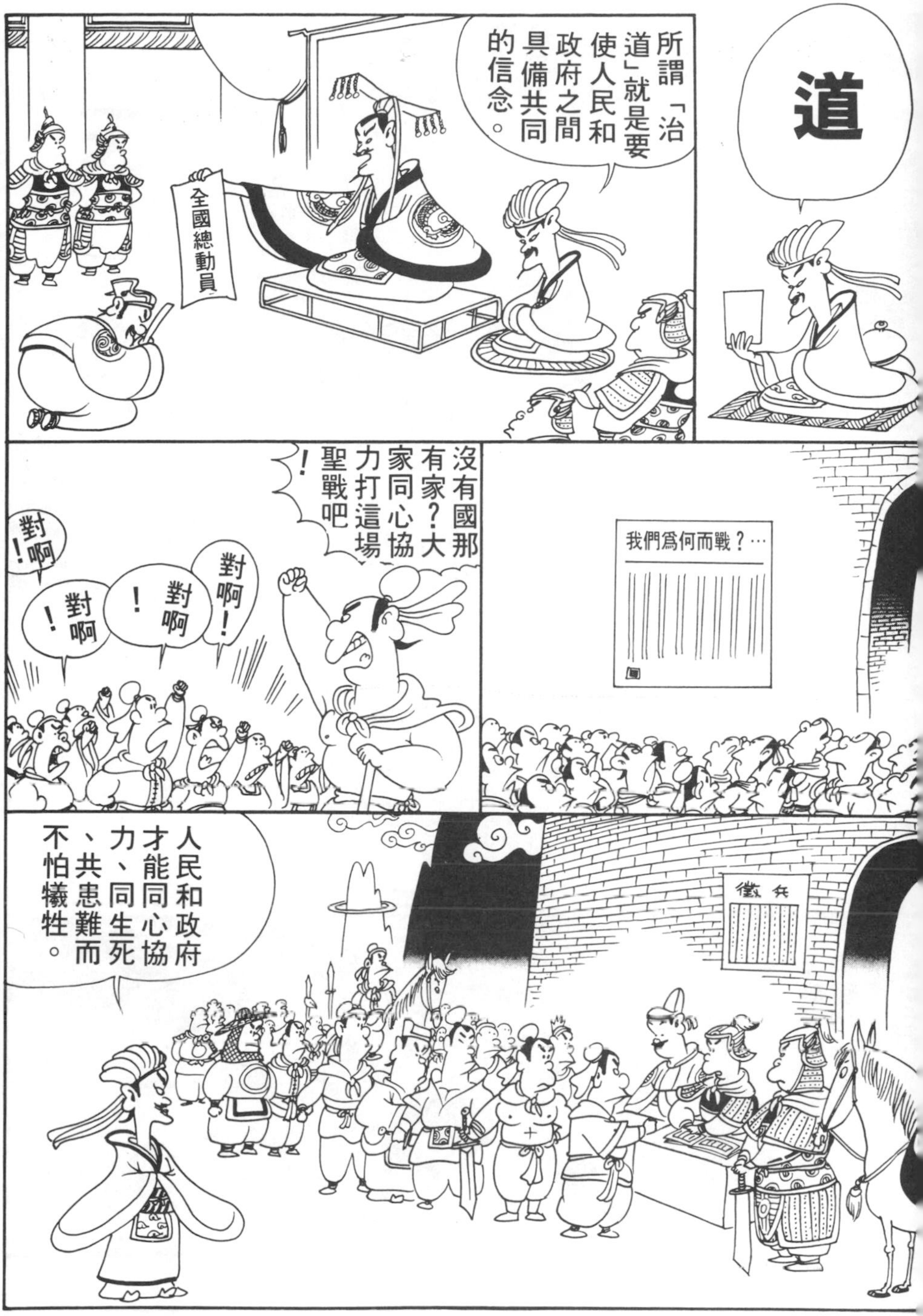

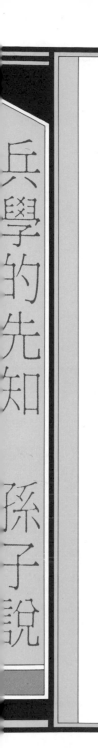

春秋時代多迷信，「左傳」中記載兵戎之事也有許多卜問吉凶的例子，不過孫子並不是迷信的人，他所說的：「天者，陰陽、寒暑、時制也。」主要是指天候氣象之變化，沒有任何迷信的色彩。

天
天
吳
天，就是指晝夜、晴雨、寒暑等，
各種天象變化及氣候變化，
及時間的限制力與機動力。

所謂「地」，係指安營決戰之地，亦即主帥對有利的地理形勢和空間條件之利用特別重視。孫子在「九變」、「行軍」、「地形」、「九地」各篇中，反覆說明地形地物之利用要領，足見孫子對於「地利」之取得與否、做為衡量戰爭勝負的要件，其重視的程度，可以想見。

地
地就是指道途的遠近，
地形的險易，地勢的廣狹，
以及易於逃生或不易於逃生的地形。
生地
死地
絕地

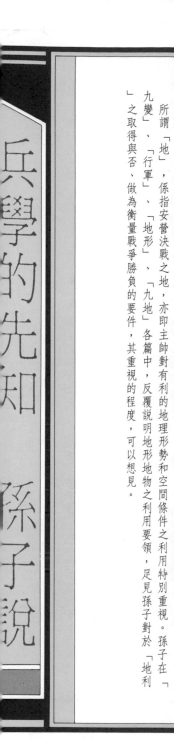

孫子認為「智、信、仁、勇、嚴」五者，是為將之道，不過要五者兼備，並不是容易的事，明朝何守法在註解這一段話說：「蓋專任智則賊；固守信則愚；惟施仁則懦；純恃勇則暴；一予嚴則殘。」這裡說的「賊、愚、懦、暴、殘」，正好是「智、信、仁、勇、嚴」的反面，為將帥者如行事偏頗，輕則身敗名裂，重則喪師辱國，不可不慎。

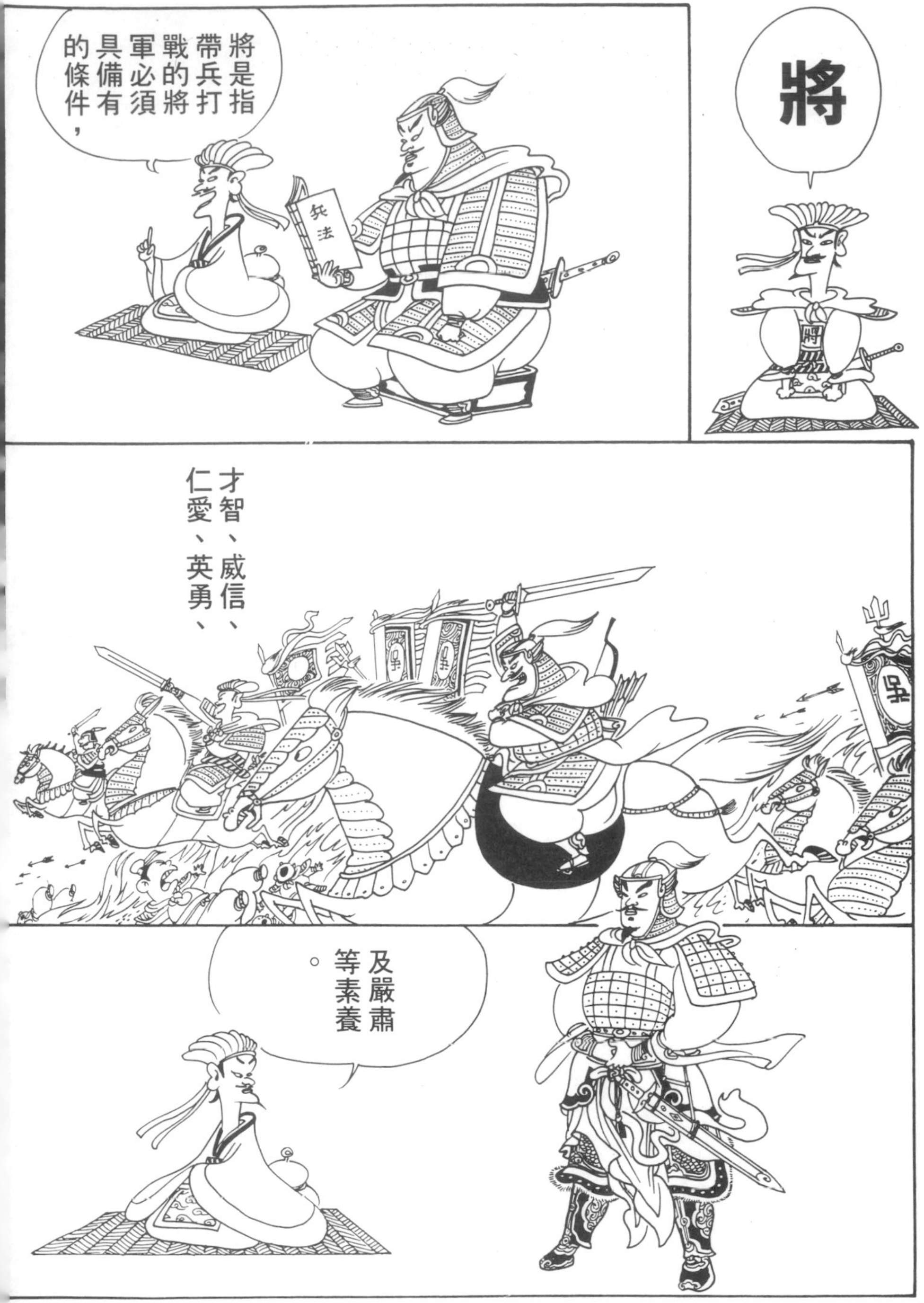
將
將是指帶兵打戰的將軍必須具備有的條件，
兵法
才智、威信、仁愛、英勇、
及嚴肅等素養。

法
法
法，就是指軍隊的編制、紀律賞罰、軍需補給等等。
這五方面的事情，作為軍官的都不能不深入了解：
能正確了解的，便能打勝仗，
不能正確了解的，便不能打勝仗。

所謂「法」，就是制度化，軍事行動講求的是效率，要快速靈活，才能收如臂使指之效，這必須在平時就建立良好制度，戰時方能發揮力量，所以編制合理、人事上軌道、紀律賞罰嚴謹、財務軍需補給健全，便是克敵致勝的保障。

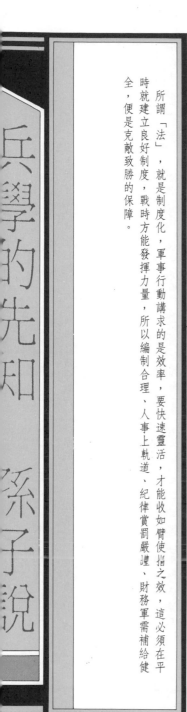

七計
所以要從各方面來比較計算，探求其事實，然後自問：……
誰的政府能使全體軍民同心協力？
誰的將帥具有才能？
誰得天時地利？
誰的法令能貫徹實行？

「七計」：主孰有道？將孰有能？天地孰得？法令孰行？兵衆孰強？士卒孰練？賞罰孰明？這七項是知己知彼的工夫，也是對敵我情勢的比較分析，其中包括政治、將帥統御、天候地形、士氣紀律、訓練戰力等。

「七計」的工作是將帥在戰爭前所做的幕僚參謀工作，在各種比較分析中，得出結論，向國君提出建議，所以孫子說：「……吾以此知勝負矣，將聽吾計，用之必勝，留之；將不聽吾計，用之必敗，去之。」

「將」聽吾計：「將」讀做ㄐㄧㄤ，做語助詞，是「如果」的意思，「將」不聽吾計之「將」，其意亦同。另一種說法是「將」仍是指「將帥」而言，解釋亦可通。

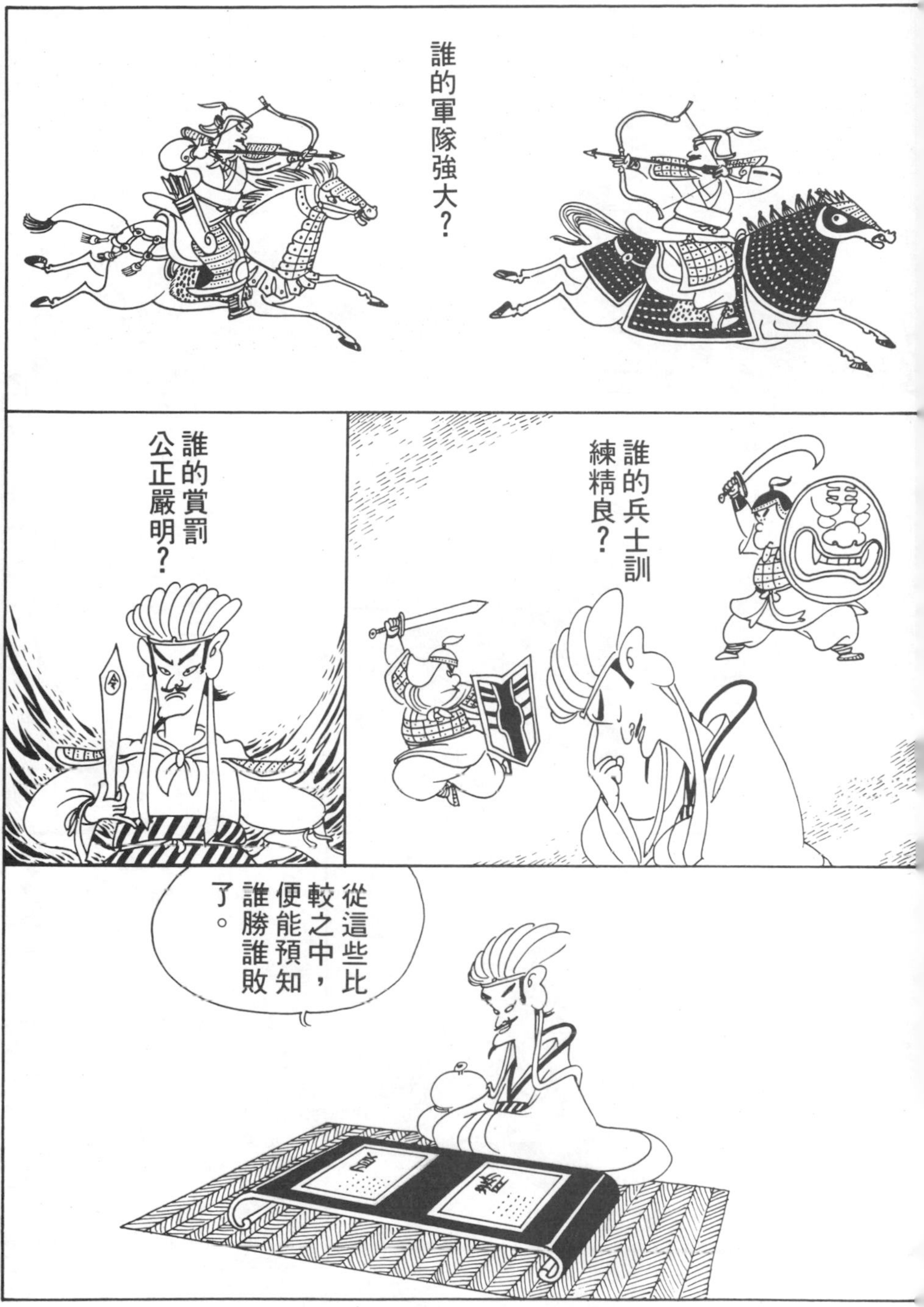
誰的軍隊強大？
誰的兵士訓練精良？
誰的賞罰公正嚴明？
從這些比較之中，便能預知誰勝誰敗了。

詭道
戰爭是詭詐多端，鬥智手段千變萬化的行爲。
有能力，故意裝作沒有能力；
哈哈兵力眞少
要用兵，故意裝作不要用兵。
休戰和談
欲攻近處，故意做出遠攻的姿態；
欲攻遠處，故意做出近攻的姿態。

孫子列舉的「詭道」計十二項：「能而示之不能」；「用而示之不用」；「近而示之遠」；「遠而示之近」；「利而誘之」；「亂而取之」；「實而備之」；「強而避之」；「怒而撓之」；「卑而驕之」；「佚而勞之」；「親而離之」，都是欺敵、乘敵的方法。

孫子雖然說：「兵者，詭道也。」但詭詐計謀並非致勝之唯一要素，為將帥者更不可一味好用詐術，所以孫子先強調「道、天、地、將、法」五事，然後才談詭道，「五事」是恒久不變的原則，「詭道」只是針對一時一地特殊情況應變的手段，這只要看孫子說：「計利以聽，乃為之勢，以佐其外。」便可知其主從、本末了，作戰斷不能不用「詭道」，但亦不能全依「詭道」，這是孫子強調的原則。

乘敵
或以小利引誘敵人；
或在敵人內部製造混亂，
再乘亂攻擊；
敵人充實無弱點時，
全力戒備；
敵人實力強大時，
暫時退避；
故意挑逗敵人使其發怒；
故示卑弱使敵人鬆懈；
敵人安佚時，
設法使其疲於奔命；
敵人團結時，
設法離間分化；
孫子兵法
「攻其不備，出其不意」是用兵致勝的秘訣，但戰爭乃千變萬化，必須靈活運用。

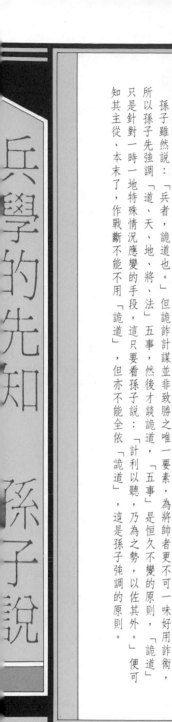

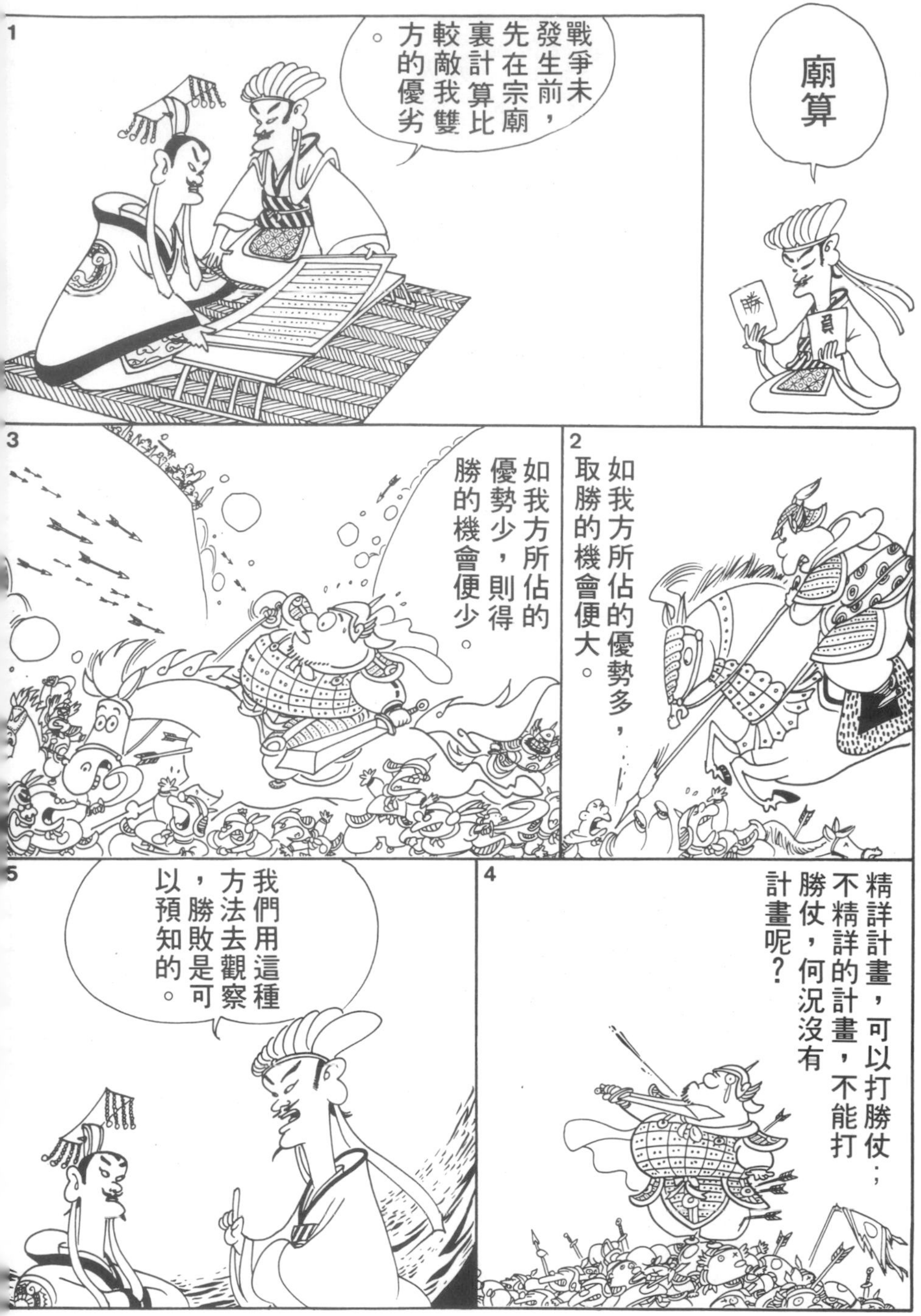
1
廟算
戰爭未發生前，先在宗廟裏計算比較敵我雙方的優劣。
2
如我方所佔的優勢多，取勝的機會便大。
3
如我方所佔的優勢少，則得勝的機會便少。
4
精詳計畫，可以打勝仗；不精詳的計畫，不能打勝仗，何況沒有計畫呢？
5
我們用這種方法去觀察，勝敗是可以預知的。

「廟」是指宗廟、祖廟而言，古代出師，必先集於廟堂之上，告祭祖先、以示鄭重，同時亦乘此機會集合討論。所以「廟算」等於今日之最高決策會議，以決定要不要戰？能不能戰？如何作戰？

作戰篇 第二

孫子曰：凡用兵之法，馳車千駟，革車千乘，帶甲十萬；千里饋糧，則內外之費，賓客之用，膠漆之材，車甲之奉，日費千金，然後十萬之師舉矣。

其用戰也貴勝，久則鈍兵挫銳，攻城則力屈，久暴師則國用不足。夫鈍兵，挫銳，屈力，殫貨，則諸侯乘其弊而起，雖有智者，不能善其後矣！故兵聞拙速，未睹巧之久也；夫兵久而國利者，未之有也。

故不盡知用兵之害者，則不能盡知用兵之利也。善用兵者，役不再籍，糧不三載，取用于國，因糧于敵，故軍食可足也。國之貧于師者遠輸，遠輸則百姓貧，近于師者貴賣，貴賣則百姓財竭，財竭則急于丘役，力屈財殫，中原內虛于家，百姓之費，十去其七，公家之費，破車罷馬，甲冑矢弩，戟楯蔽櫓，丘牛大車，十去其六。

故智將務食于敵，食敵一鍾，當吾二十鍾，萁稈一石，當我廿石。故殺敵者怒也，取敵之利者貨也。故車戰，得車十乘以上，賞其先得者，而更其旌旗，車雜而乘之，卒善而養之，是謂勝敵而益強。

故兵貴勝，不貴久；故知兵之將，民之司命，國家安危之主也。

「作戰」篇主要在說明戰爭對國家和人民所產生的沉重負擔，任何一個國家都無法經得起長時期的戰爭損耗、所以作戰愈快取得勝利，愈能減少自身損失而獲取戰果，因此孫子特別強調：「兵貴速，不貴久。」

日費千金
孫子說：就用兵作戰的法則而言，準備一千輛戰車及一千輛輜重車輛。
配合十萬穿着甲胄的戰士，自千里之外運送糧食，：：
則前後方之軍費，外交情報的支出、膠漆器材的補充，車輛甲胄的修護，每天都要用大量金錢，
然後十萬大軍才能行動。

春秋時代的作戰，主要是車戰，往往以兵車數量之多寡來衡量一國之實力，此即所謂萬乘之君、千乘之國、百乘之家的分別。不過各國編制不盡相同，大體上說，兵車分兩類，一是專司攻擊之責的，稱馳車、攻車或駟車；另一種司運輸支援之責的，稱重車、守車或革車。司攻擊之責的兵車，上乘三人，車左主射；車右持矛；另一人則司駕御馬四，此外再配屬步卒七十二人，與兵車協同作戰。至於司補給輜重的革車，則配置廿五人，其中炊夫十人、警備五人、厩養五人、雜役五人。所以馳車千乘，計七萬五千人；革車千乘，為二萬五千人；正好是「帶甲十萬」。

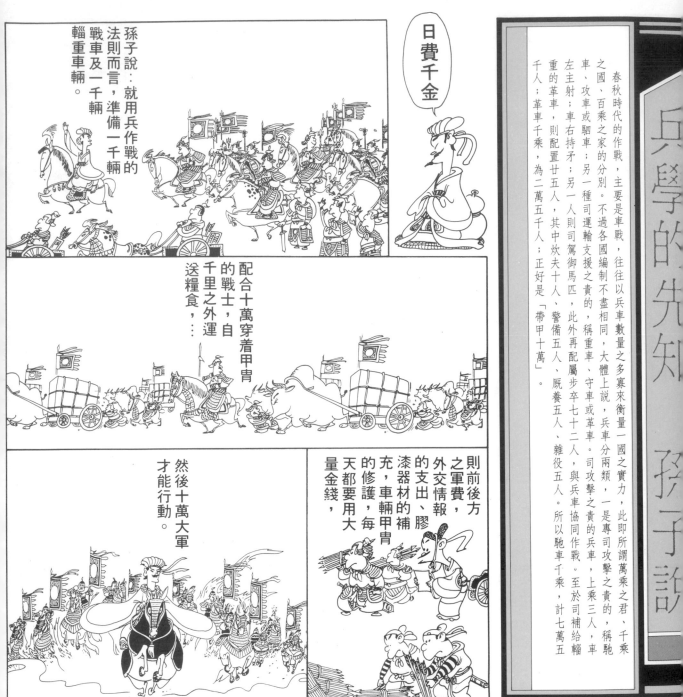

按周代井田制度，八家為井；四井為邑；四邑為丘；四丘為甸，作戰時，每甸出戎馬四匹；牛十六頭；駟車一乘；重車一輛；甲士步卒一百人；正好符合前述的戰鬥編組。不過以此推算，每「甸」計五百十二戶人家，需出丁壯一百人，就動員數量來說，相當驚人。不過到春秋末期，井田制度已非原來面貌，軍旅動員亦不可能全按這種比例，但無論如何，興師十萬的場面，仍需非常龐大的後勤支援力量的。

久戰不利
大軍出征作戰，以爭取勝利爲第一要務。
時間拖延一久，必使軍隊疲憊，銳氣挫失，攻擊時戰力消耗殆盡。
加以長久用兵在外，必使國家財用不足。
國防經費還差三十萬金。
快回來救援啊！
我這邊也走不開呀！
這時，鄰近敵國便會乘機入侵；這時雖是有智謀之領導者，也無法善後了。

兵學的先知 孫子說

戰爭既然要耗費龐大的人力、物力、財力，所以大軍出征作戰，以爭取勝利為首要，時間拖得愈久，則愈使軍隊疲憊，銳氣盡失，同時長久征戰，亦必使國家財政枯竭，所以孫子強調：「兵貴勝，不貴久。」

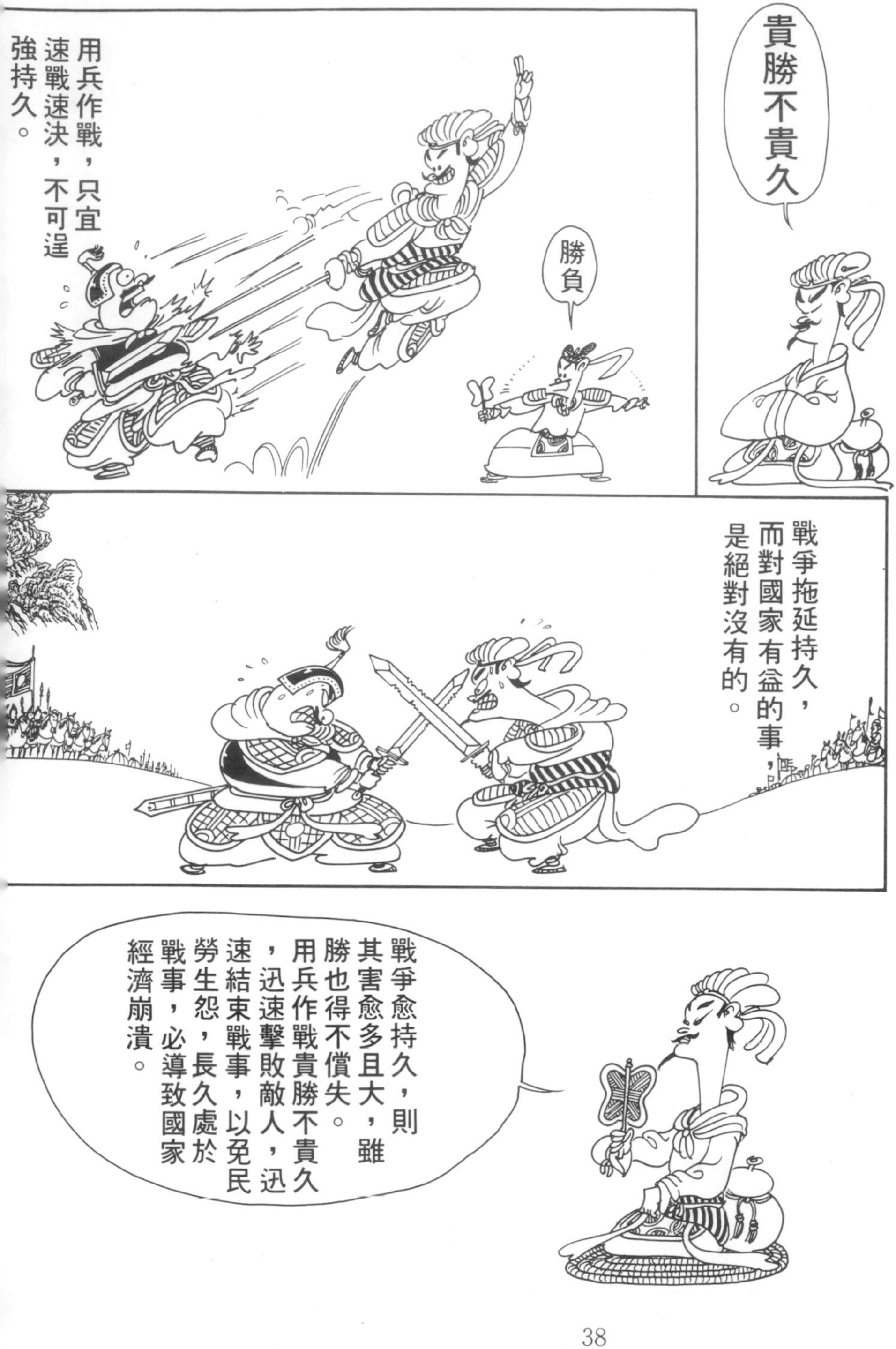

貴勝不貴久
勝負
用兵作戰，只宜速戰速決，不可逞強持久。
戰爭拖延持久，而對國家有益的事，是絕對沒有的。
戰爭愈持久，則其害愈多且大，雖勝也得不償失。用兵作戰貴勝不貴久，迅速擊敗敵人，迅速結束戰事，以免民勞生怨，長久處於戰事，必導致國家經濟崩潰。

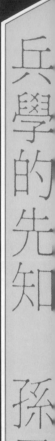

孫子說：「役不再籍，糧不三載。」就是僅做一次動員召集，迅速擊敗敵人，迅速結束戰爭，不要再做第二次的動員，以免招致民怨。至於糧食之裝載輸送，也僅兩次為限，絕不超過三次，以免國內糧食不足，發生缺糧現象。

勝敵而益強
不能徹底理解用兵的害處，就不能眞正瞭解用兵的益處。
害
利
善用兵的將領，在動員一次兵卒之後，絕不做第二次徵召。
徵兵
召集
令
載運糧秣也不會超過三次。
糧食不夠怎麼辦？
不夠的糧食不從國內運來，而自敵方陣地取得。

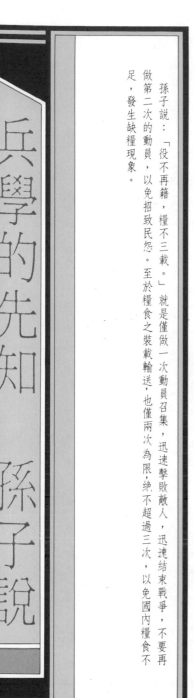

高明的將領，務求在敵人的國境補充糧食。
吃敵糧一鍾，抵得上自己的二十鍾；
吃敵人二石稈秣草料，就抵得上自己二十石。
糧食都被搶光，吃不飽餓着肚子怎麼打戰？
此外，要士卒勇敢殺敵，須激起敵愾之氣，
敵人說我們是羣老弱無能之兵，不堪一擊。
可惡！與他拚了。
要奪取敵人物資，須以財貨重賞士卒。
能奪得車甲物資者，賞黃金十兩。

兵學的先知 孫子說

古代運糧全仗牛、馬車和人力擔負，遠程運送，受到天候影響、意外損失、以及運送人畜的消耗，到目的地時，大概只剩二十分之一，所以能利用敵人一鍾糧食，便可抵得上本國運送二十鍾，古代運糧之苦，可以想見。

古制一鍾等於六石四斗，一石相當於一百廿斤。

孫子強調「因糧於敵」、「智將務食於敵」，就是「以戰養戰」的思想，同時為了鼓勵士卒，必須「賞其先得者」，讓士卒能爭先掠取敵人的物資，以做為自己的戰利品，壯大自己的力量。

搶馬車呀！
搶得愈多，獎金愈高。
奪得馬車十輛。
官升三等，另有實物獎金。
將奪來戰車改換旗幟，加入我方軍旅使用。
俘虜的敵軍，也加入編制一起上陣殺敵。
這才是既戰勝敵人而又使自己壯大的道理。
哇…糧食、車馬、兵士都被奪光了。

兵學的先知 孫子說

不過「以戰養戰」，並非絕對可行，如果敵人實行「堅壁清野」，則「因糧於敵」、「務食於敵」，必成空想，所以用兵必須要迅速機動，在敵人料想不到的時間、地點，乘虛而入，敵人來不及破壞一切，才能享受到勝利的戰果，因此孫子在本篇結尾時仍再三強調「兵貴勝，不貴久」。

知兵之將民之司命
速戰速決！
因此，用兵作戰以求得勝利爲首要，絕不能拖延長久。
一個懂得用兵的將帥，他掌握民族的生命，也是國家安危的主宰。
善用兵者，要在戰場上與戰鬥中壯大自己，轉變敵人力量成爲自己的力量，並深知戰爭持久之害而採速戰速決之戰法。故知兵之將，爲國家安危所繫！

「謀攻」主要在說明沒有戰場的戰鬥行為，戰場上殺伐熾烈，不論勝負均會有所損失，因此最理想的方式是不經戰鬥而取得勝利，想做到這點就必須運用謀略方法和外交手段，達到使敵人屈服的目的，這就是「不戰而屈人之兵」，是用兵的最高明境界。

謀攻篇 第三

孫子曰：凡用兵之法，全國爲上，破國次之；全旅爲上，破旅次之；全卒爲上，破卒次之；全伍爲上，破伍次之。是故百戰百勝，非善之善者也；不戰而屈人之兵，善之善者也。

故上兵伐謀，其次伐交，其次伐兵，其下攻城。攻城之法，爲不得已；修櫓轒轀，具器械，三月而後成；距闉，又三月而後已；將不勝其忿，殺士卒三分之一，而城不拔者，此攻之災也。

故善用兵者，屈人之兵，而非戰也；拔人之城而非攻也；毀人之國，而非久也。必以全爭于天下，故兵不頓，而利可全，此謀攻之法也。故用兵之法，十則圍之，五則攻之，倍則分之，敵則能戰之，少則能守之，不若則能避之。故小敵之堅，大敵之擒也。

夫將者，國之輔也，輔周則國必強，輔隙則國必弱。故軍之所以患于君者三：不知三軍之不可以進，而謂之進；不知三軍之不可以退，而謂之退；是謂縻軍。不知三軍之事，而同三軍之政，則軍士惑矣。不知三軍之權，而同三軍之任，則軍士疑矣。三軍既惑且疑，則諸侯之難至矣，是謂亂軍引勝。

故知勝者有五：知可以戰與不可以戰者勝，識衆寡之用者勝，上下同欲者勝，以虞待不虞者勝，將能而君不御者勝；此五者，知勝之道也。

故曰：知彼知己，百戰不殆；不知彼而知己，一勝一負；不知彼，不知己，每戰必敗。

兵學的先知 孫子說

用兵的上策是既能取得勝利，又能保全自己實力，因此用謀略的方式；不經血戰而能屈服敵人軍旅，是最高境界，所以孫子在本篇一開始就提出五個「全」字——全國、全軍、全旅、全卒、全伍，就是強調以「全」爭天下，也就是希望在不傷絲毫的情況下，取得「全勝」。

用兵之法
孫子說：
戰爭的法則，以保全國家完整爲上策，國家受損失，雖然戰勝也是差了些；
保持全軍完整爲上策，受到損傷就差了些；保持全旅完整爲上策，受到損傷就差了些；保持全卒完整爲上策，受到損傷就差了些；保持全伍完整爲上策，受到損傷就差了些。

孫子說：「百戰百勝，非善之善者也；不戰而屈人之兵，善之善者也。」要想不戰而勝，唯有使用政治、外交等手段，造成敵人不得不屈服我的形勢，才能達到兵不血刃的目的，這便是「伐謀」與「伐交」。

因此，百戰百勝還稱不上高明中的高明，
能夠不必打仗，而能使敵人降服，才是高明中的最高明。
殺！
嘻……不戰而勝！

兵學的先知 孫子說

「伐謀」就是謀略戰，運用智謀，訂出適切的政略，誘使敵人處處被動，舉棋不定，驚惶失措，而使我方能以最小的代價，獲致最大的戰果。「伐交」則是外交戰，係利用外交策略，分化敵人之盟友，聯合我方之友邦，使敵人陷於孤立無援境地。戰爭最高境界，就是使敵人陷於進退兩難，不知所措，而我方則乘此良機，予取予求。

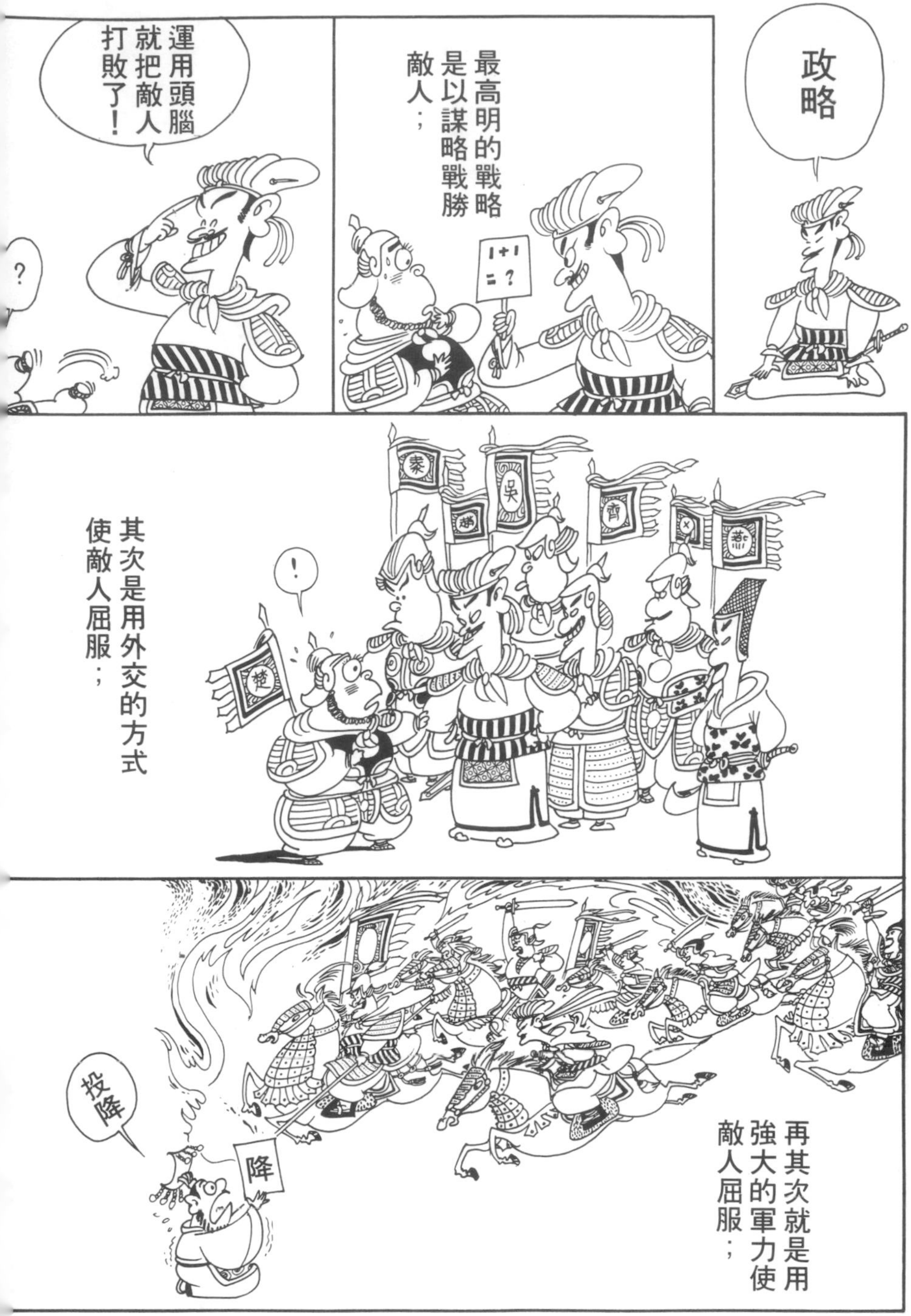

政略
最高明的戰略是以謀略戰勝敵人；
1+1=?
運用頭腦就把敵人打敗了！
?
其次是用外交的方式使敵人屈服；
!
楚
再其次就是用強大的軍力使敵人屈服；
投降
降

孫子最反對的便是硬碰硬的「攻城」，古代攻奪城池，既耗人力、物力、又曠久費時，與「兵貴速，不貴久」的原則相背，攻城必經惡戰，惡戰必有重大傷亡，與「全勝」原則相反，當然是最不宜採取的方式。

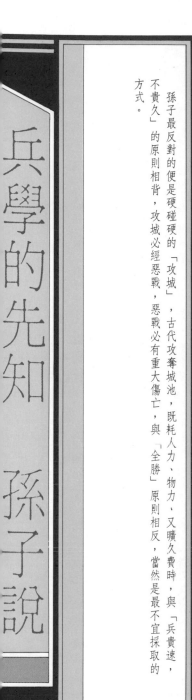

將帥覺得太慢，不能克制
其焦躁忿怒，下令攻擊，
士兵像螞蟻一樣，爬到城
牆上攻牆，死傷達三分之一……

而城池仍攻不下來，
那眞是攻擊作戰中，
最悲慘的災禍。

兵學的先知 孫子說

古代攻城，傷亡率極高，所以孫子說：「殺士卒三分之一，而城不拔者，此攻之災也。」與「伐謀」、「伐交」、「伐兵」來比較，攻城當然是最下策，也是最難奏效的方式。

「伐謀」與「伐交」都是沒有戰場的戰鬥，都是利用敵人的心理弱點及現實利害，步步進逼，處處主動，所謂不越樽俎之間，折衝千里之外，造成敵人不得不屈服的形勢，這就是孫子所強調的「不戰而屈之兵」。

所以善於用兵的統帥，不經戰鬥即能屈服敵人；
輸了！
降
不經攻堅即能取得敵人城池；
不須長久時間即能摧毀敵國；

「伐謀」與「伐交」很難區分其先後層次，不過善「伐謀」者必善於「伐交」；善「伐交」者亦善「伐謀」，兩者常交互為用。處處把握以「全爭天下」的原則，「兵不頓」（沒有重大傷亡）；「利可全」（戰果完整），就是「伐謀」、「伐交」的最高境界。

因爲他能運用各種方法進行鬥爭⋯⋯
政治
外交
謀略
經濟
軍事
投降

處處都能把握住使自己完整無缺的原則，爭勝負於天下，
降

所以戰力不受傷害，戰果却能完全獲得，就是用謀略來作戰的法門。
不戰而勝

「伐謀」和「伐交」固然是戰爭的最高境界，但在實行謀攻戰略時，必先具備可勝之戰力與必戰之決心，否則一味空談謀略、外交，沒有軍力和戰力做後盾，那就是流於虛張聲勢了，所以「伐謀」、「伐交」只是儘量減少傷亡；最後仍然需要依靠武力戰鬥做最後的解決。

謀攻戰略
用兵的法則是有十倍優勢的兵力，可四面包圍殲滅敵人；
寡不敵眾，相差太遠了，還是投降了吧。
林
有五倍優勢的兵力，可集中力量攻擊之；
有兩倍優勢的兵力，可分兵自正面及側面攻擊；
哇！腹背受敵……
攻！

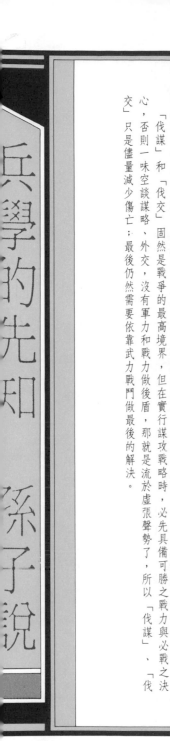

與敵人雙方兵力相等……
則須出奇而制勝；
先找出敵人的弱點，用計攻擊之！
有種出來堂堂正正一決勝負！
如果比敵人兵力少，則暫時堅守，避免決戰；
有種你攻進來吧！
如果自身軍力差得太遠，則可轉進閃避；
別逃！來拚個勝敗吧！
我只能用打跑戰術的游擊戰，不能跟你硬拚！

兵學的先知 孫子說

孫子認為我方如在優勢兵力情況下，可以「十則圍之，五則攻之，倍則分之。」如果在兵力相當或屬於劣勢時，可以「敵則能戰之，少則能守之，不若則能避之。」的方式，這是屬於野戰戰法的要領，是佔在「量」的觀念上談作戰方法，也就是依敵我兵力的多寡，來決定作戰方式。

孫子所列舉的野戰要領，含有兩項基本概念：一是主動；二是彈性。孫子所說的「圍之」、「攻之」、「分之」、「戰之」、「守之」、「避之」，無一不是主動原則和彈性原則的運用，因此絕不能墨守成規，一陳不變，必須要把握戰機，彈性應變。

總之，力量弱小的軍隊，如不自量力的硬碰……
來場硬碰硬的決戰，看誰勝誰敗
就必成爲強大敵人的俘虜了。
投降
當兵力比敵人強時，則可圍之、攻之、分之，兵力不若敵人時要能戰、能守、能避，並須以優良的指揮，才能達成戰、守、避的目的，否則即有慘敗被殲滅的危險。

統帥權
將帥是國家的支柱，
將帥武德周備，國勢必強……
如果將帥才德不周，國家必衰弱。

將帥統軍，負國家之重任，繫天下之安危，因此統帥權之完整，非常重要。而古代國君卻往往顧忌軍權旁落，又恐懼將帥功高震主，懷有二心，所以對統帥權的授予，常有戒懼，所以形成統帥權應否獨立的問題。

孫子認為國君侵犯統帥權之後遺症有三：即「縻軍」、「惑軍」、「疑軍」，這三種禍患都是干涉軍旅的指揮系統，影響戰略戰術的執行，因此孫子堅決反對國君對統帥權有任何干預或牽制。

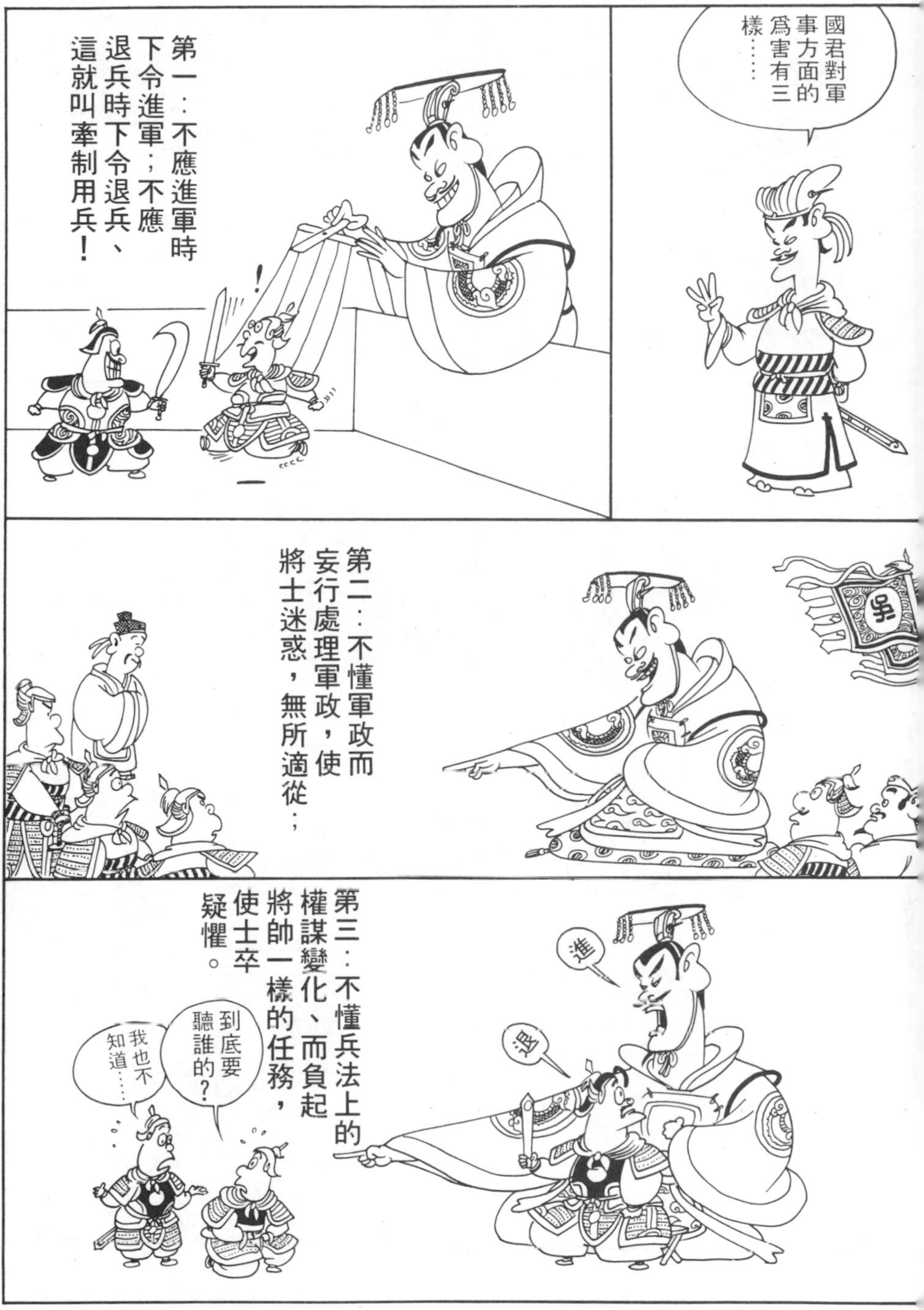
國君對軍事方面的爲害有三樣……
第一：不應進軍時下令進軍；不應退兵時下令退兵、這就叫牽制用兵！
第二：不懂軍政而妄行處理軍政，使將士迷惑，無所適從；
第三：不懂兵法上的權謀變化、而負起將帥一樣的任務，使士卒疑懼。
進
退
到底要聽誰的？
我也不知道……

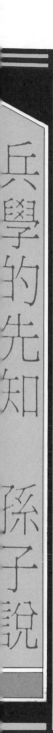

兵學的先知 孫子說

軍隊如產生疑懼，必使敵國乘隙而來，這就是攪亂自己的軍旅導致敵人的勝利。
所以求得勝之公算有五點：
一、知道什麼情況可以作戰或不可作戰的能獲勝。
二、瞭解這場戰役應配置多少兵力的能獲勝。
三、政府與人民具有共同信念的能獲勝。
三、自己準備充分、而敵人準備不足的能獲勝。
五、將帥有才能，而君主不加牽制的能獲勝。
這五項是預知勝負的先決條件。

孫子說：「知勝者有五：知可以戰與不可以戰者勝；識衆寡之用者勝；上下同欲者勝；以虞待不虞者勝；將能而君不御者勝。」這五項比較條件，是統帥衡量形勢，決定戰略戰術的運用，與第一篇「始計」中的「廟算」，略有不同，「廟算」是決定國家「大戰略」，這裡所謂的「知勝」，則是將帥在軍事戰略或野戰戰略、戰術的考量。

知彼知己
我瞭解自己的優點。
也瞭解敵人的缺點。
瞭解敵人，也瞭解自己，可以經歷百戰而不致發生危險；
我不瞭解敵人，但充分瞭解自己。
雖不瞭解敵人，但充分瞭解自己的能力，勝負機會各半；

為將帥者，必須有「知彼知己」的能力，孫子特別強調「自知之明」，他認為「不知彼而知己，一勝一負。」也就是勝負機會各半。如「不知彼」、又「不知己」，必然會「每戰必敗」，可見孫子對於「知彼知己」的重視程度。

孫子認為對本身戰力的培育訓練，瞭解真正實力如何，最為重要，只有在真正認識自我力量究竟有多少的情況下，才能正確判斷敵我高下，否則冒冒然出戰，必難逃失敗的命運。

我不瞭解敵人，也不知道自己的實力如何！
這樣出戰必定失敗。
打看看就知道。
哇！
不瞭解敵人，又沒有自知之明，每次作戰必遭失敗。

「軍形」篇主要在說明軍事上勝利態勢之形成。兩軍對壘，雙方都在找對方的弱點，同時也儘量在隱藏自己的弱點，但自己的弱點並非隱藏就能改變，必須不斷的校正改進，才能扭轉形勢，而改進之道就是在政治、軍事、經濟、精神各方面，完成充分的準備，以奠定絕對優勢的基礎，故此在戰爭準備和戰略態勢上，應力求萬全，應無懈可擊之地，使敵人找不到我的弱點,而我却能制敵機先，這就是孫子所謂的「勝兵先勝」。

軍形篇 第四

孫子曰：昔之善戰者，先爲不可勝，以待敵之可勝，不可勝在己，可勝在敵。故善戰者，能爲不可勝，不能使敵必可勝。故曰：勝可知，而不可爲。

不可勝者，守也；可勝者，攻也。守則不足，攻則有餘。善守者，藏于九地之下；善攻者，動于九天之上，故能自保而全勝也。

見勝，不過衆人之所知，非善之善者也。戰勝，而天下曰善，非善之善者也。故擧秋毫，不爲多力；見日月，不爲明目；聞雷霆，不爲聰耳。古之善戰者，勝于易勝者；故善戰者之勝也，無智名，無勇功。故其戰勝不忒，不忒者，其措必勝，勝已敗者也。故善戰者立于不敗之地，而不失敵之敗也。是故勝兵先勝，而後求戰；敗兵先戰，而後求勝。

善用兵者，修道而保法，故能爲勝敗之政。兵法：「一曰度，二曰量，三曰數，四曰稱，五曰勝；地生度，度生量，量生數，數生稱，稱生勝。」故勝兵若以鎰稱銖，敗兵若以銖稱鎰。勝者之戰，若決積水于千仞之谿者，形也。

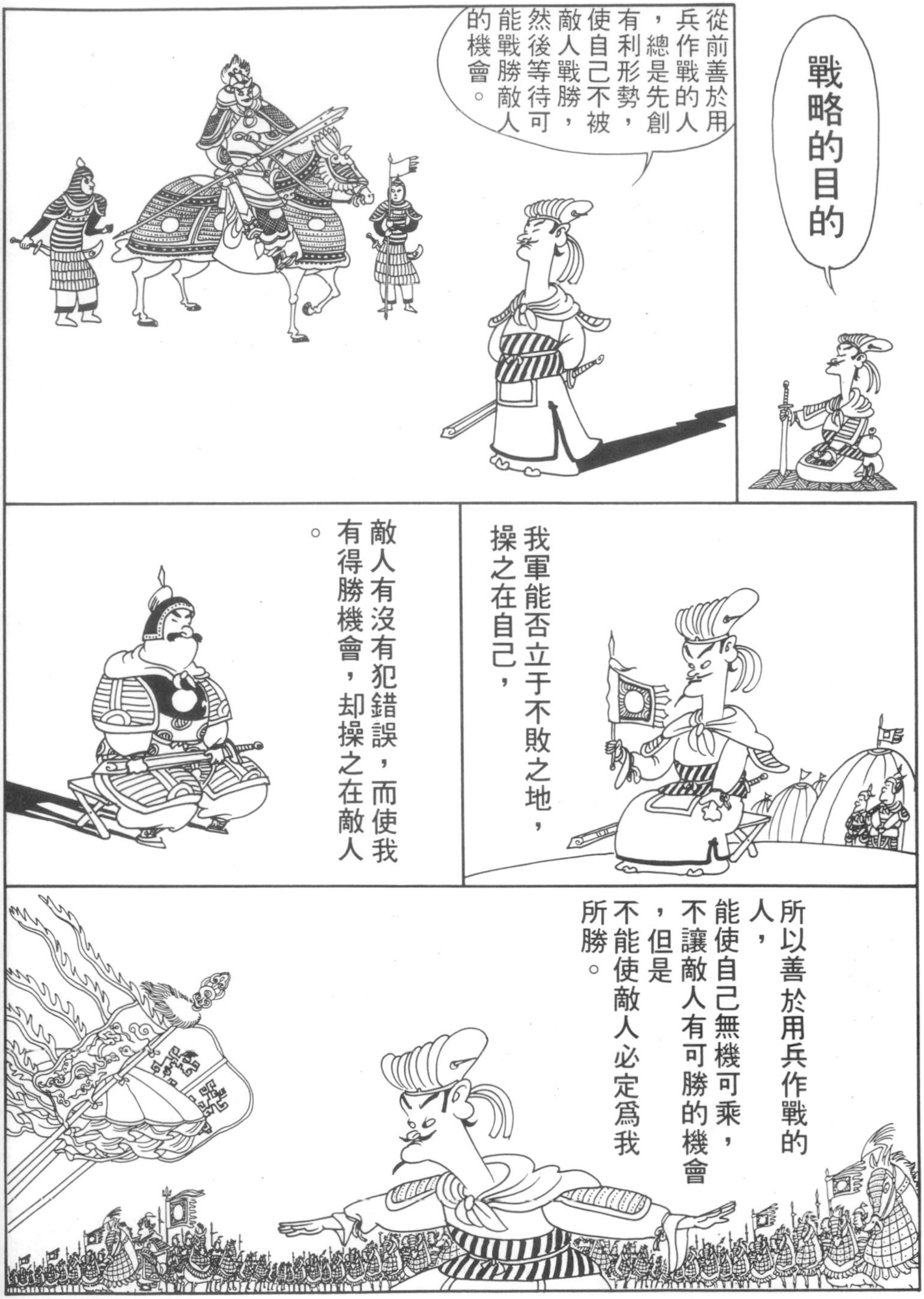
戰略的目的
從前善於用兵作戰的人，總是先創有利形勢，使自己不被敵人戰勝，然後等待可能戰勝敵人的機會。
我軍能否立于不敗之地，操之在自己，
敵人有沒有犯錯誤，而使我有得勝機會，却操之在敵人。
所以善於用兵作戰的人，能使自己無機可乘，不讓敵人有可勝的機會，但是不能使敵人必定爲我所勝。

兵學的先知 孫子說

善用兵者，在整體形勢上先做到不敗的地步，在戰爭準備與戰略佈置上求其萬全，這就是「先勝佈署」，孫子說：「先為不可勝，以待敵之可勝」，這種「不可勝」是操之在我，有賴於萬全的準備工作，但是戰勝敵人却不是勉強可以辦到的，所以孫子說：「勝可知，不可為。」就是這個意思。

兵學的先知 孫子說

孫子說：「不可勝者，守也；可勝者，攻也。」我不攻擊人，自無從取勝，人不攻擊我，亦無失敗之理，所以說「不可勝」。至於攻擊則是主動，集中兵力攻敵弱點，發揮壓倒性優勢，所以說是「可勝」。但無論攻、守，必先衡量自己的條件，本身條件不是即採守勢，有充分條件則採攻勢。

所以說：勝利固然可以預知，但是敵人有無可乘之隙，却不能勉強造成。

守
當我無法戰勝敵人時，應採取防守方式；

攻
可能戰勝敵人時，應採取攻勢。

兵學的先知 孫子說

無論攻勢或守勢，都是換取所需要的時間，攻勢是在動態中換取所需時間；守勢是在靜態中換取所需時間，前者是在一定時間內，用積極的行動，捕捉敵人主力而消滅之，後者則是爭取時間，延緩敵人行動，伺機決戰。孫子形容「攻」與「守」說：「善守者，藏於九地之下；善攻者，動於九天之上。」

弱
防守是由於取勝條件不足，
強
進攻則是因爲我有充裕的力量。
善於防守，像深藏於地底一樣，使人無法窺知虛實；
善於進攻的，像天兵下降一樣，使人無法防備。
如能做到這樣…則防守時必可確保無虞；攻擊時定可大獲全勝。
攻
守

善用兵者，在整體形勢上先要做到不敗的要求，即或敵人傾國來犯，我已有充分準備，可以自保，使敵人知難而退。如果敵人在力量上超過我甚多，我也可以使其在「貨彈力屈」、「鈍兵挫銳」之餘，露出弱點，再逐次扭轉戰局，這就是「先勝求戰」之道。

先勝求戰
善用兵作戰者，先要站在不失敗的基礎上，使敵人無機可乘，
而且不要錯過敵人敗亡之機會。
所以勝利者都是先創造必勝的條件，然後再與敵人作戰；
現在已有致勝的把握，衝出去將敵人打敗吧！
殺！

兵學的先知 孫子說

「勝」與「敗」之整體形勢，並非開火作戰後才形成的，而是在戰前就已造成，冒冒然出兵，戰略上已犯了輕敵的毛病，且犯了「不可為而勉強為之」的致命錯誤，所以善用兵者的「先勝」佈署，是勝利成功的最大因素。

致於先敗者呢？
這次兵爭勝算如何？
他總是先與敵人作戰……
管他的，先打了再說！
然後再僥倖求勝。
完了！沒想到敵人這麼強悍……
善用兵作戰者的勝利，既顯不出智謀的名聲，也看不出勇武的功勞，因爲他的取勝都是有把握的，其所以有把握是因爲他的措置都已先站在勝利的基礎上，自然能勝過那些已經顯露出失敗徵兆的敵人。
孫子兵法

孫子舉出「度」、「量」、「數」、「稱」、「勝」五個計算程序，以做為預測勝利的要訣。這是對「五事」、「七計」的補充，可以視之為軍事戰略佈署的要領。同時，孫子又再度談到「修道保法」，以政治修明、法制上軌道，為勝利之基礎，可見軍事與政治實有不可分的關係。

決戰的形勢
善於用兵者，修明軍政，確保法制，所以能主宰勝敗。
用兵之法是：
一、判斷戰區戰線。
二、部署計畫投入的力量。
三、需要人力物力的數目。
四、比較權衡雙方政治及軍事。
五、戰勝敵人。
根據地形產生作戰判斷，根據判斷產生部署計畫，根據部署決定人力物力的數量，根據數量比較權衡，最後得出勝算的結果。

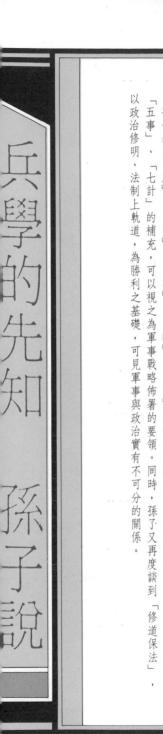

兵學的先知 孫子說

孫子說：「勝兵若以鎰稱銖；敗兵若以銖稱鎰。」鎰是古代的重量單位，一鎰為二十四兩（一說為二十兩），而二十四銖等於一兩，所以「銖」、「鎰」之間，相差四、五百倍，以此來形容實力相差之懸殊。

戰爭之勝利者，通常集中一切有形無形的優勢軍力于決戰地點，若以鎰稱銖，等於四五百倍的懸殊，敗者恰好相反，居於絕對的劣勢。

掌握勝利契機的軍旅，在作戰的時候，像從八千丈高的山澗中，放出積水一樣，勢不可當，這就是敵人無從抗拒的形勢了。

兵勢篇　第五

孫子曰：凡治衆如治寡，分數是也。鬥衆如鬥寡，形名是也。三軍之衆，可使必受敵而無敗者，奇正是也。兵之所加，如以碫投卵者，虛實是也。

凡戰者，以正合，以奇勝。故善出奇者，無窮如天地，不竭如江河，終而復始，日月是也；死而復生，四時是也。聲不過五，五聲之變，不可勝聽也。色不過五，五色之變，不可勝觀也。味不過五，五味之變，不可勝嘗也。戰勢不過奇正，奇正之變，不可勝窮也。奇正相生，如循環之無端，孰能窮之哉！

激水之疾，至于漂石者，勢也。鷙鳥之擊，至于毀折者，節也。是故善戰者，其勢險，其節短，勢如張弩，節如機發。

紛紛紜紜，鬥亂，而不可亂也。渾渾沌沌，形圓，而不可敗也。亂生于治，怯生于勇，弱生于強。治亂，數也。勇怯，勢也。強弱，形也。故善動敵者，形之，敵必從之；予之，敵必取之；以利動之，以實待之。

故善戰者，求之于勢，不責于人，故能擇人任勢。任勢者，其戰人也，如轉木石，木石之性，安則靜，危則動，方則止，圓則行。故善戰人之勢，如轉圓石于千仞之山者，勢也。

「兵勢」主要在說明「勢」的運用，「勢」是力量的表現，如水勢、火勢，軍旅由靜止之狀態，迅速運動，所形成的威力，就是「兵勢」，這一篇與前面的「軍形」；後面的「虛實」，有承先啓後的連帶關係。

兵學的先知 孫子說

兵勢首要在作戰佈署，所以孫子在本篇起首即講「分數」、「形名」、「奇正」、「虛實」。「分數」是部隊編組；「形名」是號令指揮；「奇正」是戰法變化；「虛實」是制敵弱點，這些都是兵勢部署之要點。

進一步說，「分數」、「形名」是指揮；「奇正」、「虛實」是戰術，正確的指揮配合高明的戰術，才能發揮兵旅的威勢。

奇、正
管理人數眾多的部隊，要像管理人數少的部隊一樣，這是屬於編組的問題。
指揮大部隊作戰，如同指揮小部隊作戰一樣，這是屬於號令的問題。
大軍人數眾多，要使其一旦受攻擊而不失敗，這是奇、正互相運用的問題。
要能像以石擊卵一樣所向無敵，這是虛、實運用的問題。

兵學的先知 孫子說

孫子說：「凡戰者，以正合，以奇勝。」所謂「正」是常道，是不變的原則；所謂「奇」是權謀，是因時地人事而制宜的變化手段。拿「孫子兵法」為例，「五事」、「七計」是「正」；詭道權變是「奇」。伐謀為「正」、伐兵為「奇」。軍形為正；兵勢為「奇」。奇正相互配合，缺一不可。

奇正之變
大凡作戰，都是以用兵的正常法則與敵會戰。
然後順應戰況變化，用奇兵取勝。
就像天地那樣變化無窮；
像江河那樣奔流不竭；

孫子說：「故善出奇者，無窮如天地，不竭如江河。」所以「正」與「奇」是互變的，正是因為奇變正、正變奇，使人捉摸不定，無從窺知，將帥應運用智慧，做奇正部署，以無窮之變化取勝。

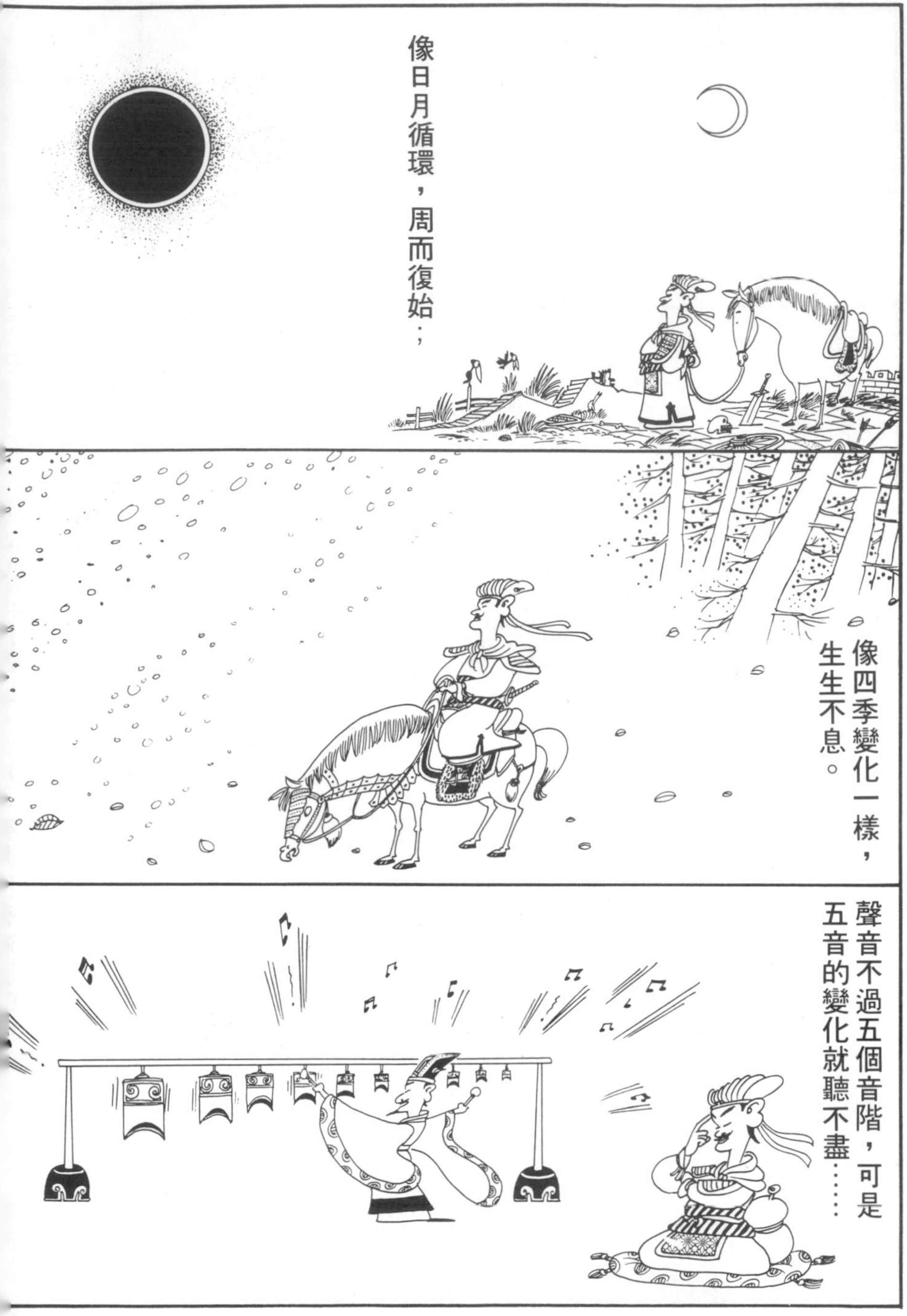
像日月循環，周而復始；
像四季變化一樣，生生不息。
聲音不過五個音階，可是五音的變化就聽不盡……

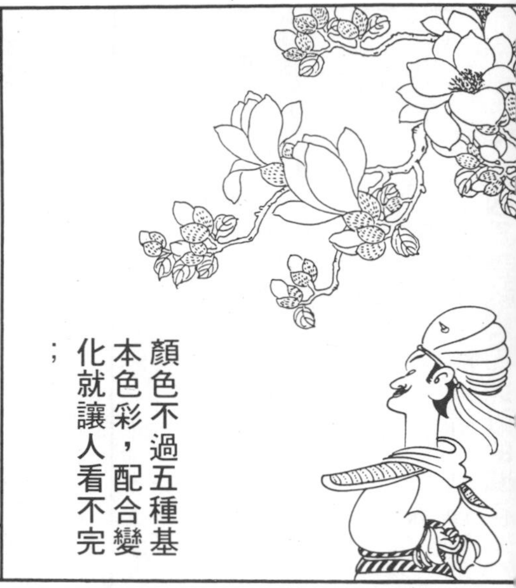
顏色不過五種基本色彩，配合變化就讓人看不完；

味覺不過五種味道，配合變化就讓人嚐不完；

作戰的形態不過是奇、正兩種，配合變化卻是無窮無盡。奇、正互相變化，如同順著圓環旋轉一樣，永無止境。

孫子說：「聲不過五，五聲之變，不可勝聽也。色不過五，五色之變，不可勝觀也。味不過五，五味之變，不可勝嘗也。戰勢不過奇正，奇正之變，不可勝窮也。」就是拿聲音、顏色、味覺的變化，證明戰勢中奇正之變，雖簡易實複雜多變。

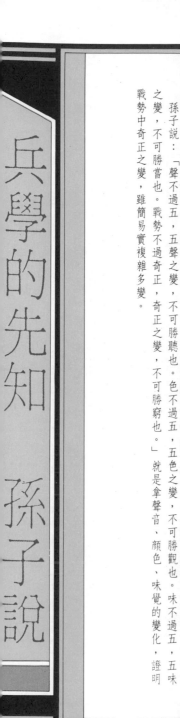

兵學的先知 孫子說

戰場交鋒，不但是動作的比賽，而且是力量的較量，譬如猛鷲之撲擊，先斂其翼，這就是「形」，一旦動作完成，虛實強弱測定，飛掠而下，一撲中的，這就是「勢」的運用，所以將帥隨時要注意，把自己的力量發揮到極致，以克敵取勝。

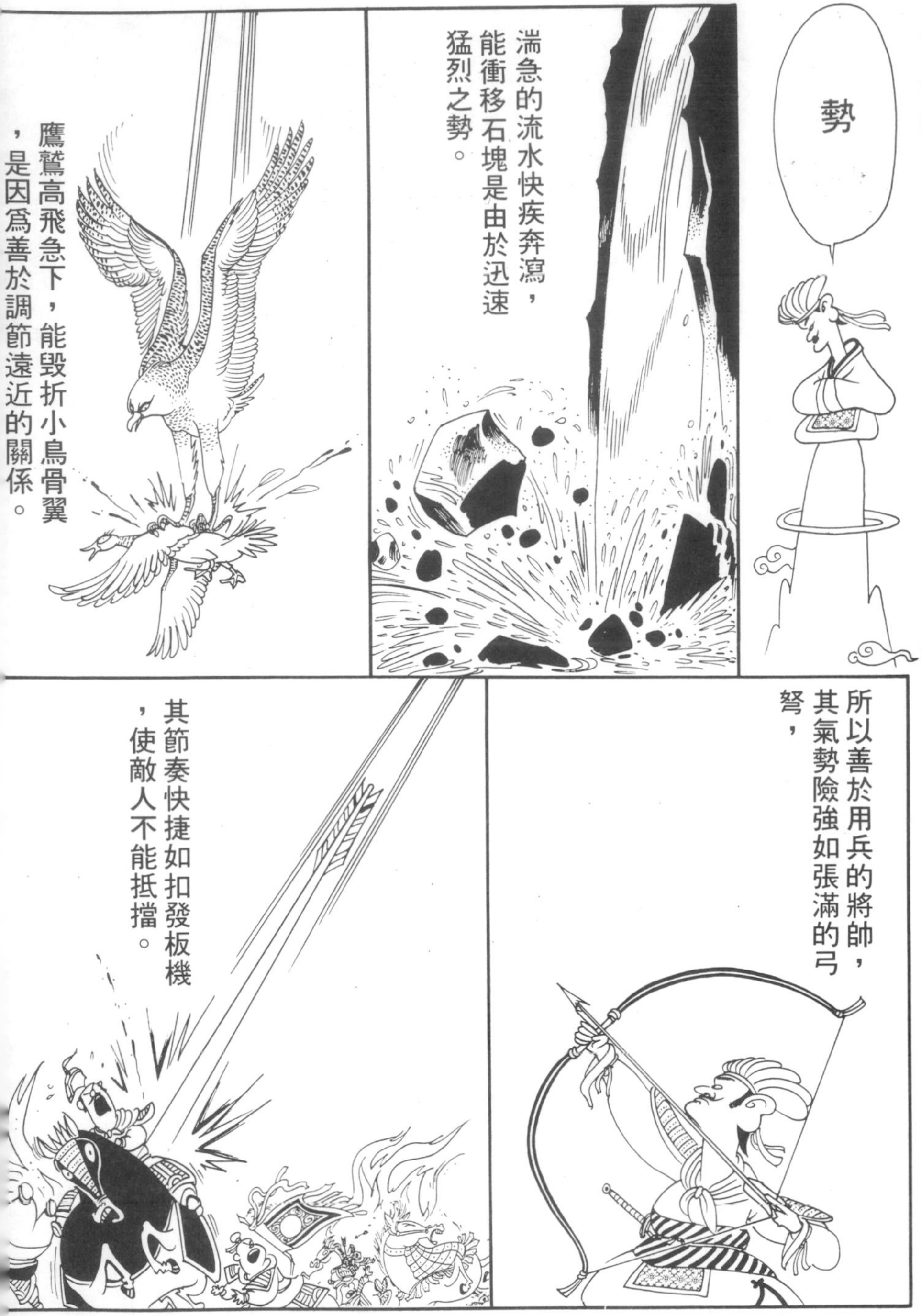
勢
湍急的流水快疾奔瀉，能衝移石塊是由於迅速猛烈之勢。
鷹鷲高飛急下，能毀折小鳥骨翼，是因爲善於調節遠近的關係。
所以善於用兵的將帥，其氣勢險強如張滿的弓弩，
其節奏快捷如扣發板機，使敵人不能抵擋。

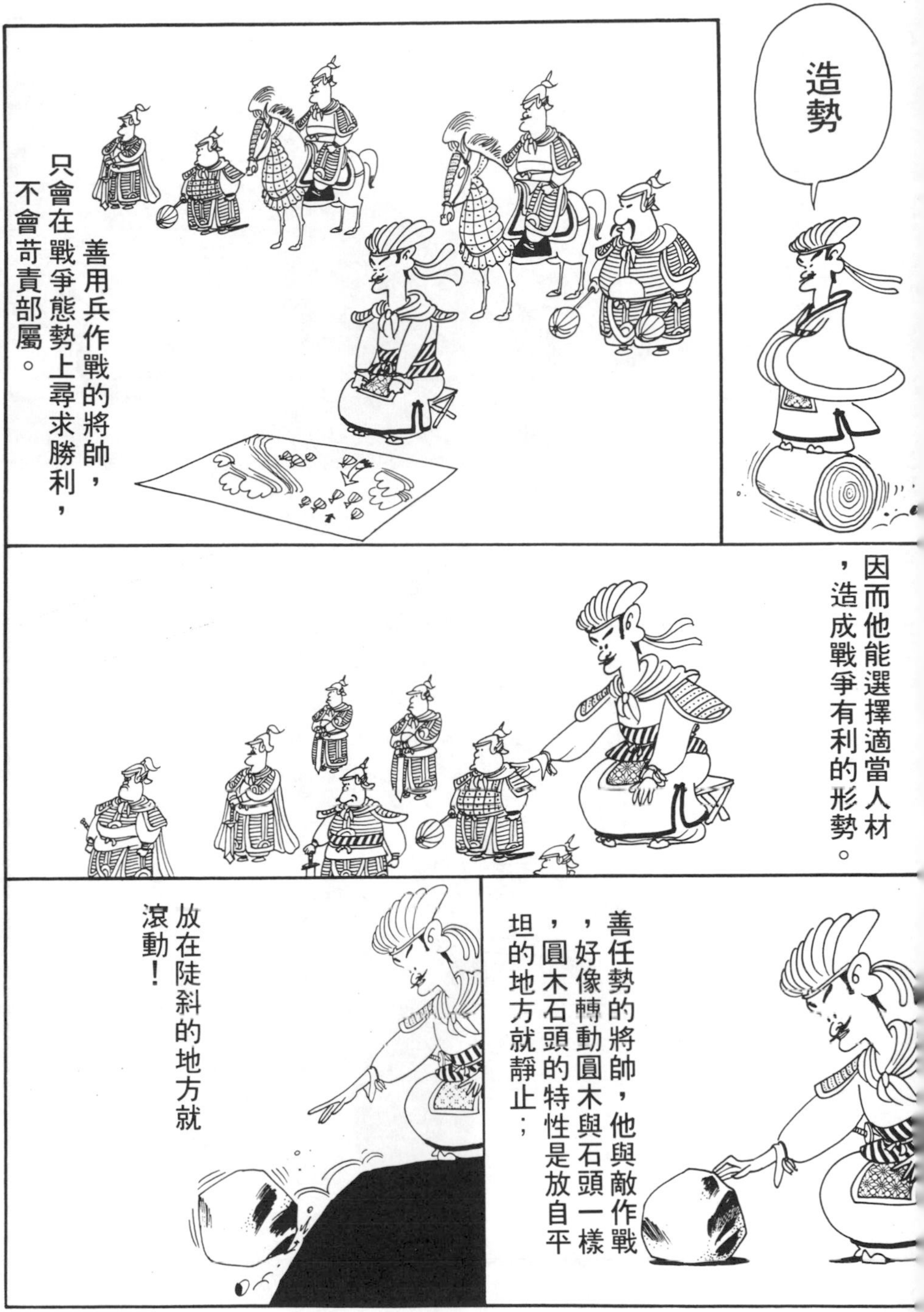
造勢
善用兵作戰的將帥，只會在戰爭態勢上尋求勝利，不會苛責部屬。
因而他能選擇適當人材，造成戰爭有利的形勢。
善任勢的將帥，他與敵作戰，好像轉動圓木與石頭一樣，圓木石頭的特性是放自平坦的地方就靜止；
放在陡斜的地方就滾動！

孫子用許多比喻來說明「造勢」，如：「激水之疾，至於漂石者，勢也。」「轉圓石於千仞之山者，勢也。」「勢如張弩，節如機發。」等，都是在說明「造勢」是將帥之責，「善戰者，求之於勢，不責於人，故能擇人任勢。」

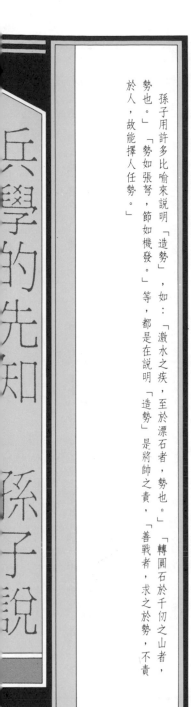

「形」與「勢」實在是一體之兩面，一靜一動，寓動於靜，木石原本是靜止的，不去動它，永遠不會產生動力，但放置在千仞高山上，滾動而下，運動速度增大、其威力就無法遏止了，所以「勢」之運用，全看將帥如何去創造了。

5
所以高明的將帥造就之勢，如同把圓木石頭從千丈高山滾下來一樣，

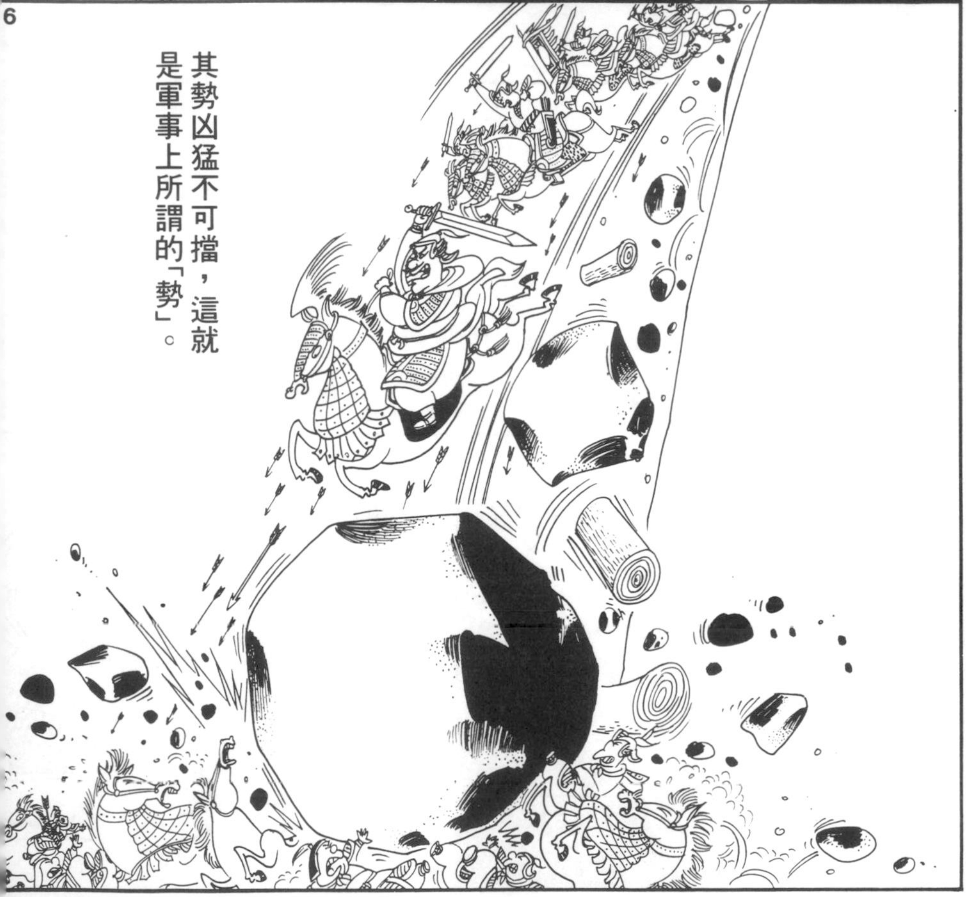
6
其勢凶猛不可擋，這就是軍事上所謂的「勢」。

「虛實」篇主要在說明作戰貴立於主動地位，避實擊虛，取敵人之弱點，而自己則深藏不露，無懈可擊。事實上，無論再強大的軍旅都會有強有力的部份和較為軟弱的部份，這就是「虛實」，善用兵者，一定乘敵之弱；用我之強，以我之強；制敵之弱，此即「致人而不致於人」

虛實篇 第六

孫子曰：凡先處戰地而待敵者佚，後處戰地而趨戰者勞。故善戰者，致人而不致于人。能使敵人自至者，利之也；能使敵不得至者，害之也。故敵佚能勞之，飽能飢之，安能動之。

出其所不趨，趨其所不意；行千里而不勞者，行于無人之地也；攻而必取者，攻其所不守也；守而必固者，守其所不攻也。故善攻者，敵不知其所守；善守者，敵不知其所攻。微乎微乎！至于無形；神乎神乎！至于無聲，故能爲敵之司命。進而不可禦者，衝其虛也；退而不可追者，速而不可及也。故我欲戰，敵雖高壘深溝，不得不與我戰者，攻其所必救也；我不欲戰，雖劃地而守之，敵不得與我戰者，乘其所之也。

故形人而我無形，則我專而敵分，我專爲一，敵分爲十，是以十攻其一也。則我衆而敵寡，能以衆擊寡，則我之所與戰者，約矣。吾所與戰之地不可知，不可知，則敵所備者多，則我所與戰者寡矣。故備前則後寡，備後則前寡，備左則右寡，備右則左寡，無所不備，則無所不寡。寡者，備人者也；衆者，使人備己者也。

故知戰之地，知戰之日，則可千里而會戰。不知戰地，不知戰日，則左不能救右，右不能救左，前不能救後，後不能救前，而況遠者數十里，近者數里乎？以吾度之，越人之兵雖多，亦奚益于勝哉？故曰：勝可爲也，敵雖衆，可使無鬥。

故策之而知得失之計，作之而知動靜之理，形之而知死生之地，角之而知有餘不足之處。故形兵之極，至于無形；無形，則深間不能窺，智者不能謀。因形而措勝于衆，衆不能知，人皆知我所以勝之形，而莫知吾所以制勝之形；故其戰勝不復，而應形於無窮。

夫兵形象水，水之形，避高而趨下；兵之形避實而擊虛；水因地而制流，兵因敵而制勝。故兵無常勢，水無常形；能因敵變化而取勝，謂之神。故五行無常勝，四時無常位，日有短長，月有死生。

所謂「致人」，是依我的意思支配敵人，我之所欲，敵人雖不情願，也不得不往；敵人所欲，雖欲往而受我之牽制不能往，這就是孫子所說的：「能使敵自至者，利之也；能使敵不得至者，害之也。」所謂「不致於人」，即處處不受敵之支配，進退自如，避敵之實，擊敵之虛，敵不能禦，也不能迫我，就是：「出其所不趨，趨其所不意。」

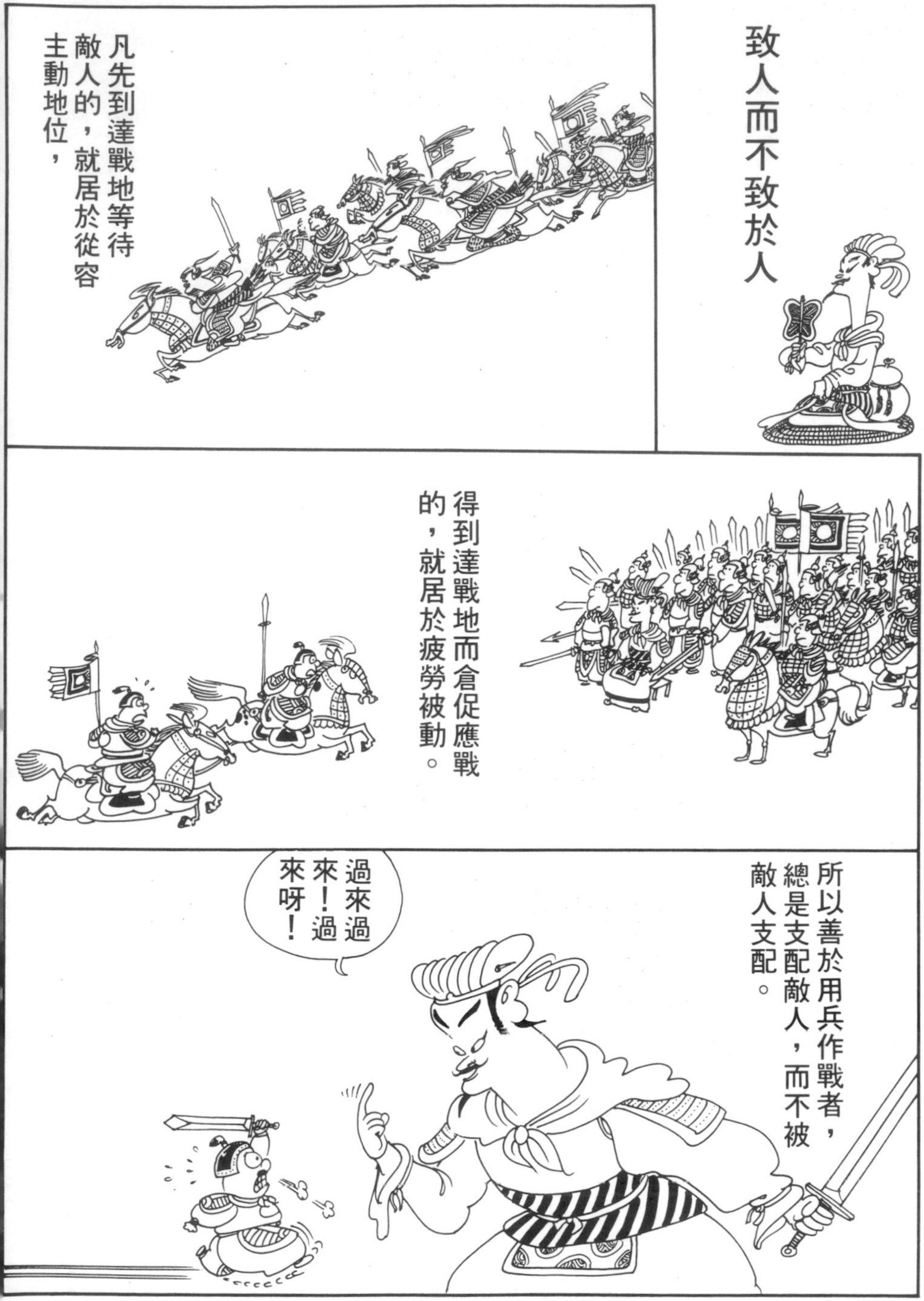
致人而不致於人
凡先到達戰地等待敵人的，就居於從容主動地位，
得到達戰地而倉促應戰的，就居於疲勞被動。
所以善於用兵作戰者，總是支配敵人，而不被敵人支配。
過來過來！過來呀！

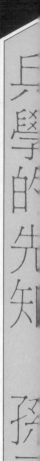

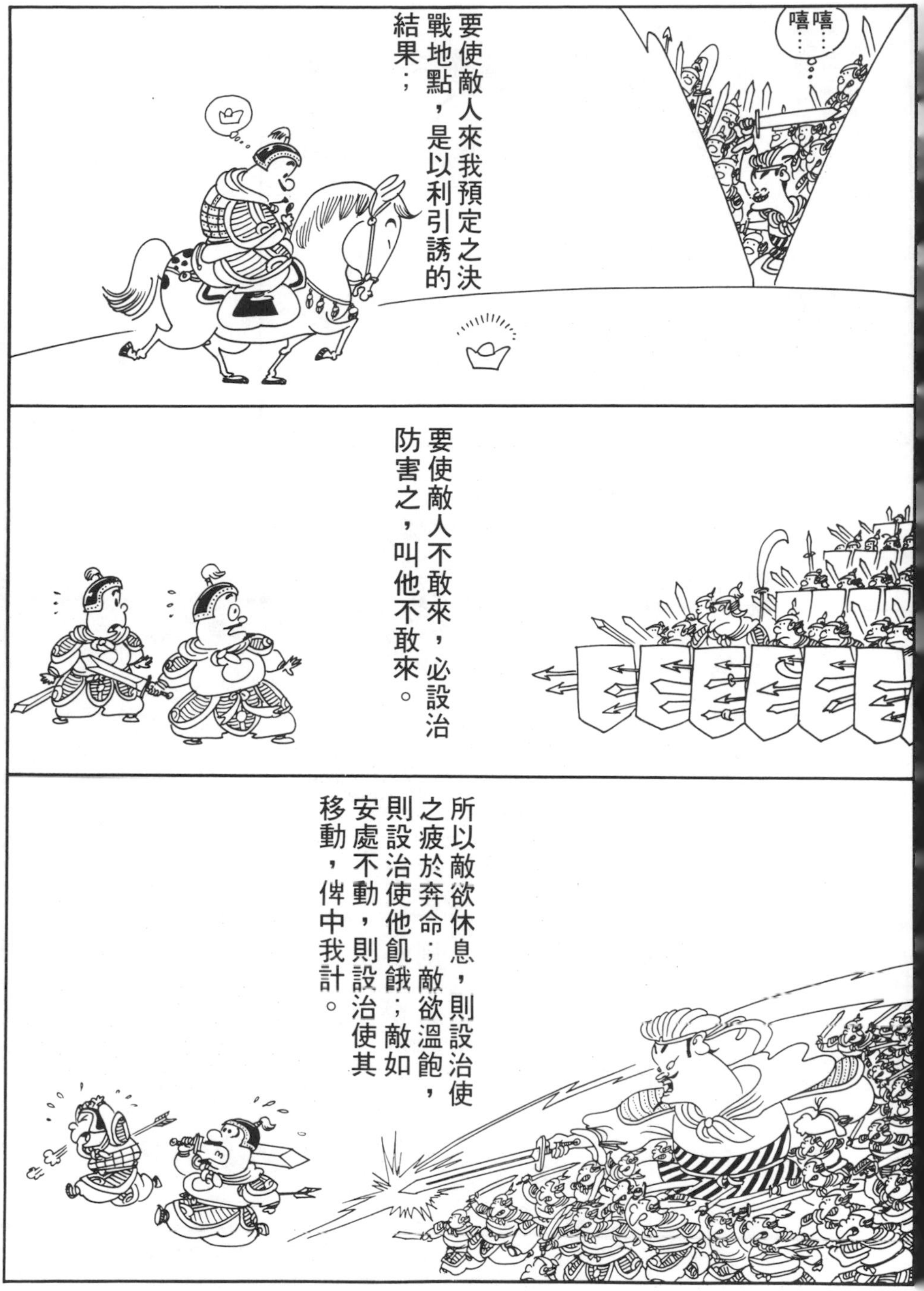
嘻嘻……
要使敵人來我預定之決戰地點，是以利引誘的結果；
要使敵人不敢來，必設治防害之，叫他不敢來。
所以敵欲休息，則設治使之疲於奔命；敵欲溫飽，則設治使他飢餓；敵如安處不動，則設治使其移動，俾中我計。

「致人而不致於人」含有兩個原則，一是主動；一是機動。要支配敵人，必處處主動；要不受制於敵人，必時時機動，以主動配合機動，搶先部署有利地位，誘使敵人進入我所預定的決戰地點，或使敵人誤認我力量強大，不敢來犯，這就是主動和機動的運用。

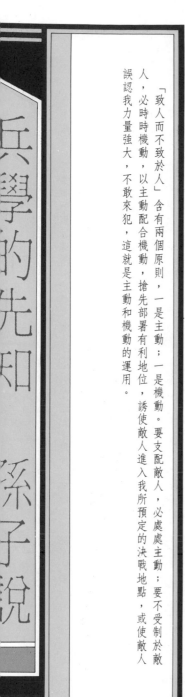

兵學的先知 孫子說

「我專敵分」是集中原則的運用，所謂「集中」，乃是在一定時間、空間內，將最大戰力放在決勝點上，對敵人實施決定性的打擊，以發揮我方之絕對優勢。但欲達到此一目的，必先分散敵人力量，也就是讓敵人不能集中，故要用佯攻、牽制等等手段，使敵人備多力分，而受制於我。

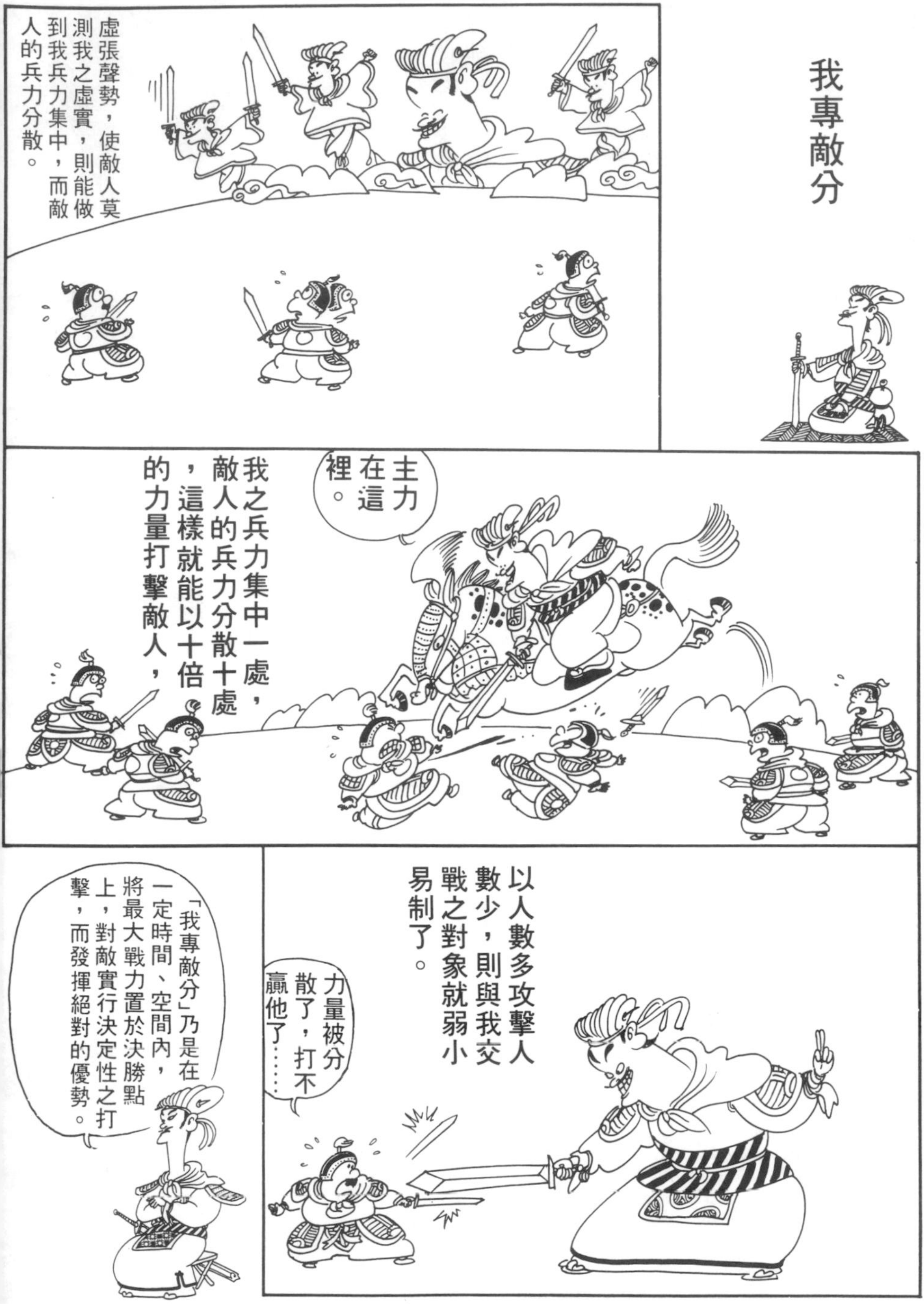
我專敵分
虛張聲勢，使敵人莫測我之虛實，則能做到我兵力集中，而敵人的兵力分散。
主力在這裡。
我之兵力集中一處，敵人的兵力分散十處，這樣就能以十倍的力量打擊敵人，
以人數多攻擊人數少，則與我交戰之對象就弱小易制了。
力量被分散了，打不贏他了……
「我專敵分」乃是在一定時間、空間內，將最大戰力置於決勝點上，對敵實行決定性之打擊，而發揮絕對的優勢。

水本沒有一定的形，水因不同之容器而呈現不同的形狀，水只有不變的性質而無外在形體，用兵亦復如此，有不變的原則，而無固定方法，以水喻兵，可謂千古名言。

兵形如水
用兵的規律應像水一樣，水是由高往低處流。
用兵的規律是避實而擊虛。
水因地形而變化其方向。
用兵也要順應敵情變化而克敵致勝。

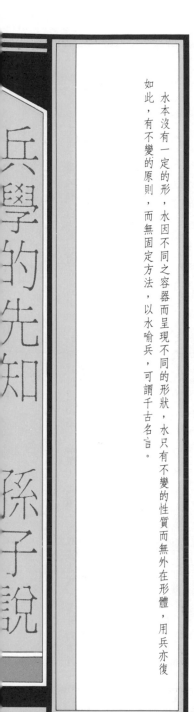

兵學的先知 孫子說

水原本是至柔之物，但是一旦化為激流，則可以滾滾滔滔，有驚人力量，所以水之柔，是水的本性；水之強，是一定的「勢」造就成的。水在靜態的時候是柔；使之激盪，就轉弱為強，所以用兵應注意「兵形象水」的本義。

所以用兵沒有固定的規則，就像水沒有固定的形態一樣，能依照敵情變化而取勝，才算是用兵如神了。

用兵如同「五行」變化一樣—金木水火土相生相剋，不分誰勝；

水一定順地勢向低流，用兵亦必順應敵情而向其虛弱處進攻，敵之弱即襯托出我之強，這就是乘其弱勢而用我之強勢。弱和強是由比較得來的，我「專」敵「分」，我才顯得強大，所以能掌握形勢，善用虛實，自然用兵如神了。

春夏秋冬，交替更迭；
日有長有短。
月有圓有缺。
用兵之道，沒有一定的法則，就像水一樣，因地形而改變其流向，故用兵無常形，避實擊虛，隨時依敵情變化，而變化我之奇正。

「軍爭」篇主要在說明會戰要領。兩軍對峙到最後，勢必用會戰的手段，一決勝負。孫子認為會戰最難的就是如何化迂廻曲折之遠路為直線近路，如何化種種不利的情況為有利情況，因為迂廻曲折的作戰路線往往是敵人期待性最小，抵抗力最弱的路線，可收出奇制勝之效。

軍爭篇 第七

孫子曰：凡用兵之法，將受命于君，合軍聚衆，交和而舍，莫難于軍事。軍爭之難者，以迂爲直，以患爲利。故迂其途，而誘之以利，後人發，先人至，此知迂直之計者也。故軍爭爲利，軍爭爲危。

舉軍而爭利，則不及；委軍而爭利，則輜重捐。是故卷甲而趨，日夜不處，倍道兼行，百里而爭利，則擒三將軍，勁者先，疲者後，其法十一而至；五十里而爭利，則蹶上將軍，其法半至；卅里而爭利，則三分之二至。是故軍無輜重則亡，無糧食則亡，無委積則亡。故不知諸侯之謀者，不能豫交；不知山林、險阻、沮澤之形者，不能行軍，不能鄉導者，不能得地利。

故兵以詐立，以利動，以分合爲變者也，故其疾如風，其徐如林，侵掠如火，不動如山，難知如陰，動如雷霆。掠鄉分衆，廓地分利，懸權而動，先知迂直之計者勝，此軍爭之法也。

軍政曰：「言不相聞，故爲金鼓；視不相見，故爲旌旗。」夫金鼓旌旗者，所以一人之耳目也；人既專一，則勇者不得獨進，怯者不得獨退，此用衆之法也。故夜戰多火鼓，晝戰多旌旗，所以變人之耳目也。

故三軍可奪氣，將軍可奪心。是故朝氣銳，晝氣惰，暮氣歸；故善用兵者，避其銳氣，擊其惰歸，此治氣者也。以治待亂，以靜待譁，此治心者也。以近待遠，以佚待勞，以飽待飢，此治力者也；無邀正正之旗，勿擊堂堂之陣，此治變者也

故用兵之法，高陵勿向，背丘勿逆，佯北勿從，銳卒勿攻，餌兵勿食，歸師勿遏，圍師 必闕，窮寇勿迫，此用兵之法也。

兵學的先知 孫子說

孫子說：「軍爭之難者，以迂為直，以患為利。」「迂」與「直」相反；「患」與「利」相背，「直」不可得即以「迂」取之；「利」不可得即以趨「患」之方法誘敵，冀由小害得大利，以迂迴方式得機先，所以其中利害關係，必須慎重考量。

以迂爲直
大凡用兵的法則，是到前線與敵軍爭奪有利的制勝條件。
如何化迂迴曲折之遠路去直線近路，比敵軍先趕到戰場。
如何化種種不利爲有利。
在互相爭取有利的制勝條件中，既有其有利的一面，也有其危險的一面。
嘻嘻嘻……

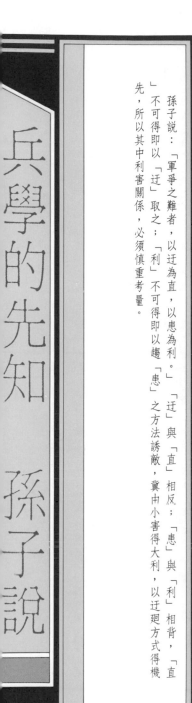

兵學的先知 孫子說

會戰是大兵團作戰，雙方都希望在一定的時間內，集結足夠的兵力，因此速度成為發揮機動力量的要件。古代道路不良，如人馬輜重一齊行動，則速度必遲緩，如棄輜重而急行軍，速度雖快，能集結之兵力必相對減少，戰鬥力亦隨之降低；有速度而無力量，如強弩之末，是用兵大忌。

利與弊
全軍人馬輜重一同行動，則必定遲緩；
可是若將輜重留置後方，行動雖快，但有時會被敵人奪去。
哈哈哈奪到敵人的後勤補給裝備，這場戰贏定了。
哇
況且，輕裝急行、晝夜不息，雖可加倍速度日行百里，

大兵團運動，後勤補給至為重要，如發生問題，後果不堪設想，孫子說：「軍無輜重則亡；無糧食則亡；無委積則亡。」可見軍旅的戰力與後勤補給有密切關係，將帥不能只求快速運動，而忽略了後勤的補給能力。

但隊伍必定散亂，因爲部隊中強勁者先到，疲憊者落後，只有十分之一人馬能趕到戰場。
倉促應戰，必致失敗，三軍將帥都有被俘可能。
輜重，不能生存，
沒有糧食補給，不能生存，沒有裝備儲存，不能生存。

作戰區域如在國境之外，則第三國的態度，非常重要，軍旅出征，本身接壤之隣國，亦可影響大局，所以孫子注意「豫交」。此外，國境外作戰，「地形」及「鄉導」亦非常需要瞭解，如不能善用「地形」和「鄉導」，既不能行軍，更無法戰鬥了

而且不瞭解列國諸侯之企圖，不能與其結交聯盟；

不瞭解山林、險阻、沼澤地理形勢，便不能行軍作戰。

不能運用當地鄉民作嚮導領路，便不能獲知有利地形。

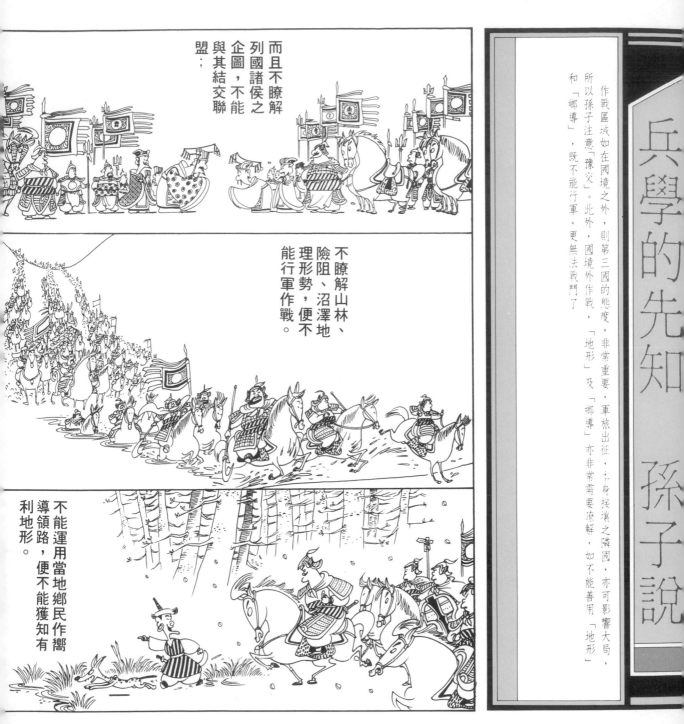

孫子對將帥用兵，舉出六個準則；「疾如風」、「徐如林」、「侵掠如火」、「不動如山」、「難知如陰」、「動如雷霆」。這是說軍旅行動要快如「風」、靜止時如「林」木無語；進攻時如烈「火」燎原；防守時如「山」岳難撼；隱藏時如「陰」雲遮天；快速發動時如迅「雷」不及掩耳。

風林火山
用兵作戰要奇詭多變才能成功，
要判斷是否有利才採取行動，
要依情況變化而決定兵力之分散或集中。

風
軍旅行動時，要快如疾風迅速而無迹；
林
靜止時，肅穆嚴整如林木一般；
林
火
攻擊時，如燎原烈火；

日本戰國時代大將軍；也是甲卅兵學之祖的武田信玄最欽服孫子這幾句話，他把「疾如風、徐如林、侵掠如火、不動如山」四句話繡在軍旗上，做為號誌，以後「風林火山」四字就成為武田信玄的代表。

「風、林、火、山、陰、雷」是孫子對軍旅作戰之要求，如能確實做到，則必定是一支常勝勁旅，不過這必須靠平時不斷的嚴格訓練，尤其要具備嚴整的軍紀，才能收如臂使指，號令齊一之效。

山
防守時，如山岳一樣不可動搖；
陰
隱蔽時，匿形斂迹如烏雲遮天，使敵人無從知曉；
?
雷霆
快速行動時，如迅雷電，使敵人無從退避。
用兵要根據敵情變化，權衡情勢，相機而動，因敵制勝。能確實做到風、林、火、山、陰、雷霆的境界，便易獲勝。

「九變」篇主要在說明將帥指揮軍旅應注意之事項。將帥為軍旅之中樞，負作戰成敗之重任，因此切不能以一己之好惡，任性行事，應考慮各種狀況，做成適當判斷，同時以冷靜理智的思考方式，以避免錯誤的決定。

九變篇 第八

孫子曰：凡用兵之法，將受命于君，合軍聚衆；圮地無舍，衢地合交，絕地無留，圍地則謀，死地則戰，途有所不由，軍有所不擊，城有所不攻，地有所不爭，君命有所不受。故將通于九變之利者，知用兵矣。將不通于九變之利者，雖知地形，不能得地之利矣。治兵不知九變之術，雖知地利，不能得人之用矣。

是故智者之慮，必雜于利害，雜于利而務可信也，雜于害而患可解也。是故屈諸侯者以害，役諸侯者以業，趨諸侯者以利。

故用兵者，無恃其不來，恃吾有以待之；無恃其不攻，恃吾有所不可攻也。

故將有五危：必死可殺，必生可虜，忿速可侮，廉潔可辱，愛民可煩；凡此五危，將之過也，用兵之災也。覆軍殺將，必以五危，不可不察也。

「九變」的解釋，歷來各家並不一致，大體可分為兩種。一是把「九」看成虛數，「九變」即千變萬化之意。一是把「九」看做實數，即孫子說的：「圮地無舍、衢地合交、絕地無留、圍地則謀、死地則戰、途有所不由、軍有所不擊、城有所不攻、地有所不爭、君命有所不受」。

九變
孫子說：
大凡用兵的法則是，將帥受命于國君，徵集民衆，組成軍旅……
在難以通行之地，不可宿營；
在四通八達之地，要注意與鄰國結交；
在交通、補給困難之地，不可滯留；

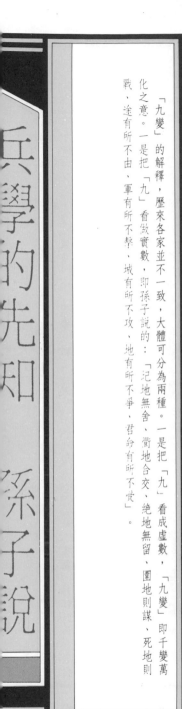

在四面地形險阻之地，易爲敵所困，要速謀逃脫；
在後退無路的死地，要拚力死戰；
雖屬應當經過的途徑，但爲達「以迂爲直」的目的，有的道路不要通過；
雖遇到必可打敗的敵人，但爲集中兵力於其他方面而不擊之；
放過他們，讓他們走吧。

孫子特別重視地形，自「軍爭」、「九變」到「行軍」、「地形」、「九地」各篇，都談到地形地物的利用，而且愈講愈詳細，對每一種地形都從戰略及戰術方面加以分析，因此本篇中所涉及的五種地形：「圮地」、「衢地」、「絕地」、「圍地」、「死地」，在「九地」篇中，都有很詳細的說明。

至於「途有所不由，軍有所不擊，城有所不攻，地有所不爭，君命有所不受。」則是五種不同情況下的通變，前四項著眼於戰術及戰略的考量，至於「君命不受」，乃是強調將帥把握戰機，並非事事可以不受君命，「不受命」是為了軍旅及國家安全，是一時權變，並不是隨便抗命，否則就成為叛逆，絕非孫子所說的良將了。

雖爲必攻的城池，但爲有效殲滅敵人而不攻之；
繞過這座城，直接攻打他們的大本營！
雖爲必爭之地，但爲速決全勝而不爭之；
放棄那邊，全力攻打這邊！
國君的命令，若不利於戰爭，也可以不接受。
將在外，君命有所不受。
所以爲將帥的，能運用這九種權變而得其益處，就可算是懂得用兵了。
不懂得九變之利者，雖知地形，不能得地之利。治理軍隊如不明瞭各種權變，雖然知道地形利用的效果，但是不能發揮軍旅的效用。

明智的將帥在考慮問題時，必須同時兼顧有利與有害兩方面。
在不利的狀況中，考慮有利的一面，可以增強信念；在有利的狀況中，考慮有害的一面，可以解除隱患。
因此，用諸侯害怕的事，使其屈服於我。
用種種方式，使諸侯紛亂，內顧不暇；
再以利益去引誘，使諸侯歸附於我。
!

孫子在本篇中提出：「智者之慮，必雜於利害」的觀點，即將帥對各種情況之思慮，必居利思危，處害思利，同時將利害兩面予以考量，利中必有害，害中必有利，天下無盡善盡美，有利無害的事，要利害互相比較，才能有正確判斷。

孫子說：「故用兵者，無恃其不來，恃吾有以待之；無恃其不攻，恃吾有所不可攻也。」所以將帥用兵必須要有萬全的準備，不要寄望於敵人的失敗。

用兵的法則是，不要寄望於敵人不會來，而要依靠自己有萬全的準備，嚴陣以待。
不要寄望於敵人不會進攻，而要靠自己有敵人無法攻破的力量。
將帥有五項最危險的事：
必死可殺，必生可虜，忿速可侮，廉潔可辱，愛民可煩。

將帥有五項最危險的事：①只知死拼，如暴虎馮河，就可能遭敵人所殺；②貪生怕死，臨陣畏怯，就可能遭敵俘虜。

衝啊！
咦！他們沒跟來？
一、只知死拼，就可能遭敵所殺；
二、貪生怕死，臨陣畏怯，就可能遭敵俘虜；
投降！

③性子急躁，輕易發怒，就可能受不了凌侮；④廉潔好名，就可能經不起誹謗；⑤慈衆愛民，則可能被敵人煩擾。這五項危險，都是將帥易犯的過失。不可不深自警惕。

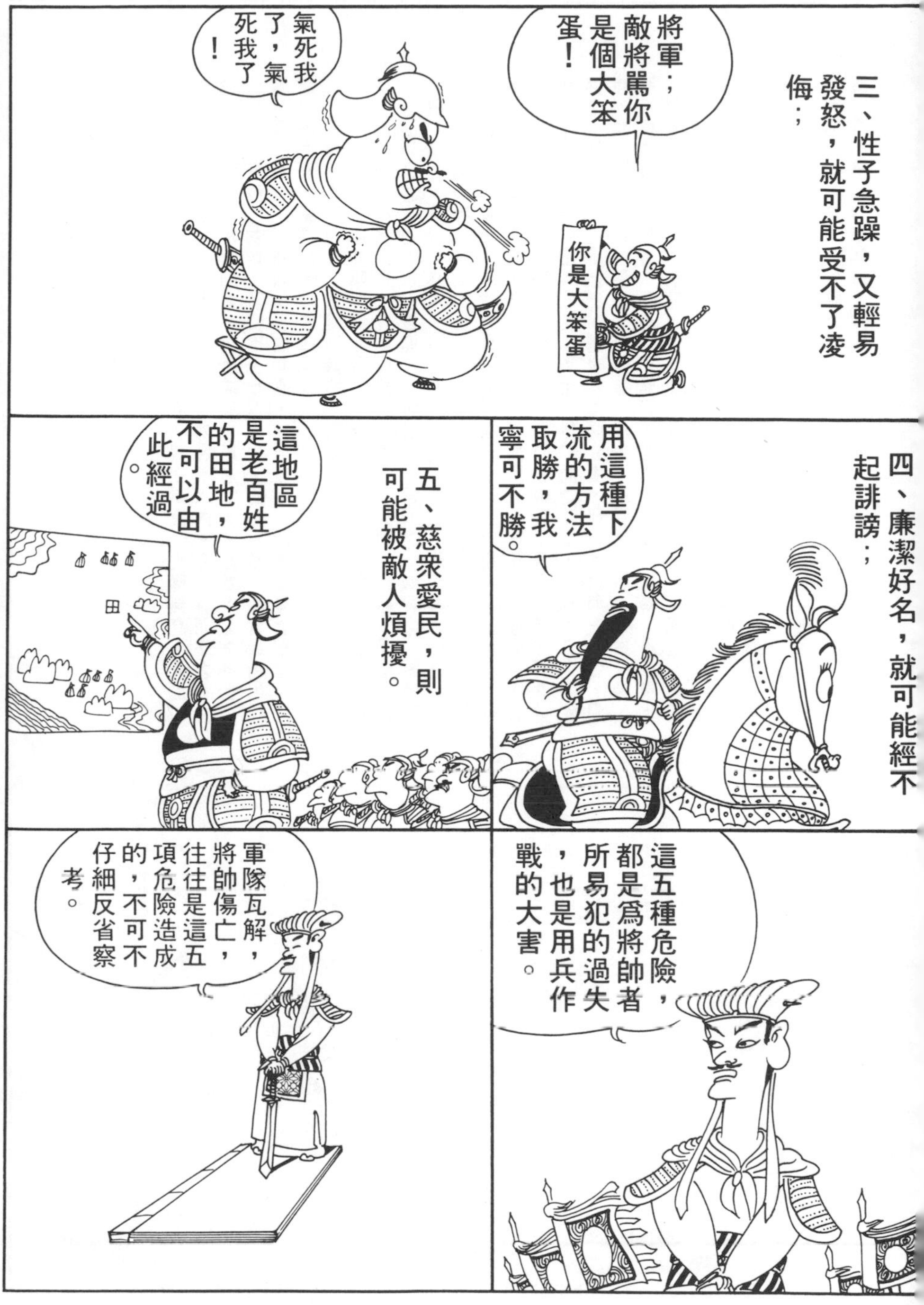
三、性子急躁，又輕易發怒，就可能受不了凌侮；
將軍；敵將罵你是個大笨蛋！
你是大笨蛋
氣死我了，氣死我了！
四、廉潔好名，就可能經不起誹謗；
用這種下流的方法取勝，我寧可不勝。
五、慈衆愛民，則可能被敵人煩擾。
這地區是老百姓的田地，不可以由此經過。
田
這五種危險，都是爲將帥者所易犯的過失，也是用兵作戰的大害。
軍隊瓦解，將帥傷亡，往往是這五項危險造成的，不可不仔細反省察考。

兵學的先知　孫子說

「行軍」篇主要在說明軍旅在山地、河川、沼澤、平陸等四種地形的用兵法則，以及三十三種觀察敵人虛實的方法。古代交通不便，部隊行進的阻礙重重，因此作戰時必須因地制宜，充分利用各種地形的特性。同時，大部隊運動時，必有一些無法隱藏的跡象，觀察這些跡象，便可判斷敵人虛實，對敵情研判有極大幫助。—

行軍篇　第九

孫子曰：凡處軍相敵：絕山依谷，視生處高，戰隆無登，此處山之軍也。絕水必遠水，客絕水而來，勿迎于水內，令半濟而擊之利。欲戰者，無附于水而迎客，視生處高，無迎水流。此處水上之軍也。絕斥澤，惟亟去勿留，若交軍于斥澤之中，必依水草，而背衆樹，此處斥澤之軍也。平陸處易，右背高，前死後生，此處平陸之軍也。凡此四軍之利，黃帝之所以勝四帝也。

凡軍好高而惡下，貴陽而賤陰，養生處實，軍無百疾，是謂必勝。丘陵隄防，必處其陽，而右背之，此兵之利，地之助也。上雨水沫至，欲涉者，待其定也。凡地有絕澗、天井、天牢、天羅、天陷、天隙，必亟去之，勿近也；吾遠之，敵近之；吾迎之，敵背之。軍旁有險阻、潢井、蒹葭、林木、翳薈者，必謹覆索之，此伏姦之所也。

敵近而靜者，恃其險也。遠而挑戰者，欲人之進也。其所居易者，利也。衆樹動者，來也。衆草多障者，疑也。鳥起者，伏也。獸駭者，覆也。塵：高而銳者，車來也；卑而廣者，徒來也；散而條達者，樵採也；少而往來者，營軍也。辭卑而益備者，進也。辭強而進驅者，退也。輕車先出其側者，陣也。無約而請和者，謀也。奔走而陳兵者，期也。半進半退者，誘也。仗而立者，飢也。汲而先飲者，渴也。見利而不進者，勞也。鳥集者，虛也。夜呼者，恐也。軍擾者，將不重也。旌旗動者，亂也。吏怒者，倦也。殺馬肉食者，軍無糧也。懸甀不返其舍者，窮寇也。諄諄翕翕，徐與人言者，失衆也。數賞者，窘也。數罰者，困也。先暴而後畏其衆者，不精之至也。來委謝者，欲休息也。兵怒而相迎，久而不合，又不相去，必謹察之。

兵非貴益多，惟無武進，足以併力料敵取人而已。夫惟無慮而易敵者，必擒于人。

卒未親附而罰之，則不服，不服則難用。卒已親附而罰不行，則不可用。故令之以文，齊之以武，是謂必取。令素行以教其民，則民服；令不素行以教其民，則民不服；令素行，與衆相得也。

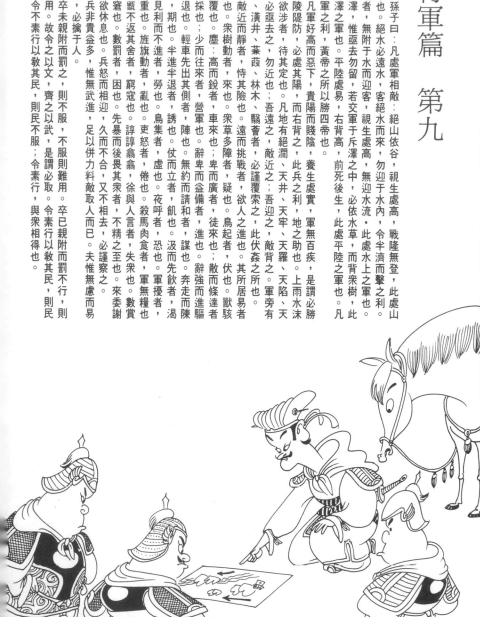

關於「處山之軍」（山地作戰），孫子主張要「絕山依谷，視生處高」，即靠近山谷前進，同時佔據制高點。依山谷進軍的好處是谷內的水草可以補充人馬體力，佔據制高點則是便於鳥瞰敵人，保持警戒。但當敵人已先佔高地時，則不要勉強仰攻，須設法迂廻。

佈署
孫子說：凡軍旅佈署作戰和觀察判斷敵情，應該注意以下幾點……
在越山而行時，要沿谷地前進，
要注意可攻可守之地，以及可佈署之高地；
如敵人先佔據高地，切勿作正面之仰攻；這是在山地作戰時的佈署原則。

橫渡河川後，必迅速遠離河岸，以免為敵所乘；
慢慢
敵人如渡河來攻，切勿迎擊於水中
等其一半已上岸，一半尚在水中時，發動攻擊才有效。
攻擊！
如果要與敵軍決戰，不要沿河岸配置兵力迎戰，

關於「處水上之軍」（河川戰），孫子認為部隊在渡河之前和渡河之後，其集結位置要與河川保持適當距離，以利兵力之機動。如敵人渡河向我攻擊，不要迎擊於水中，等其半渡時，其兵力分散在近岸、河中、遠岸時，才發動攻擊，效果最大。

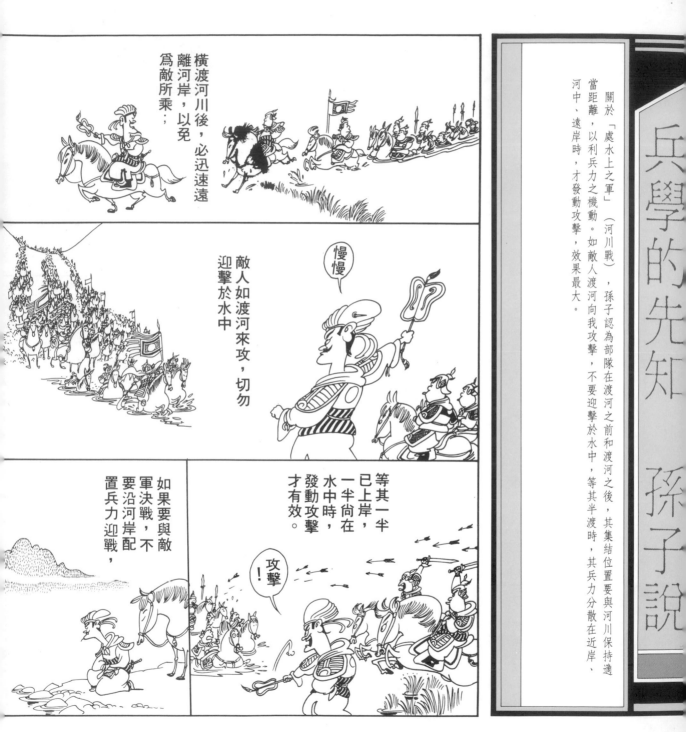

關於「處斥澤之軍」（沼澤作戰），孫子認為這種地形本不宜作戰，最好「亟去勿留」，如果一定要作戰時，必須靠近水草而且背後有樹林倚托，因為有樹林的地區，土質較密實，不會深陷泥濘。

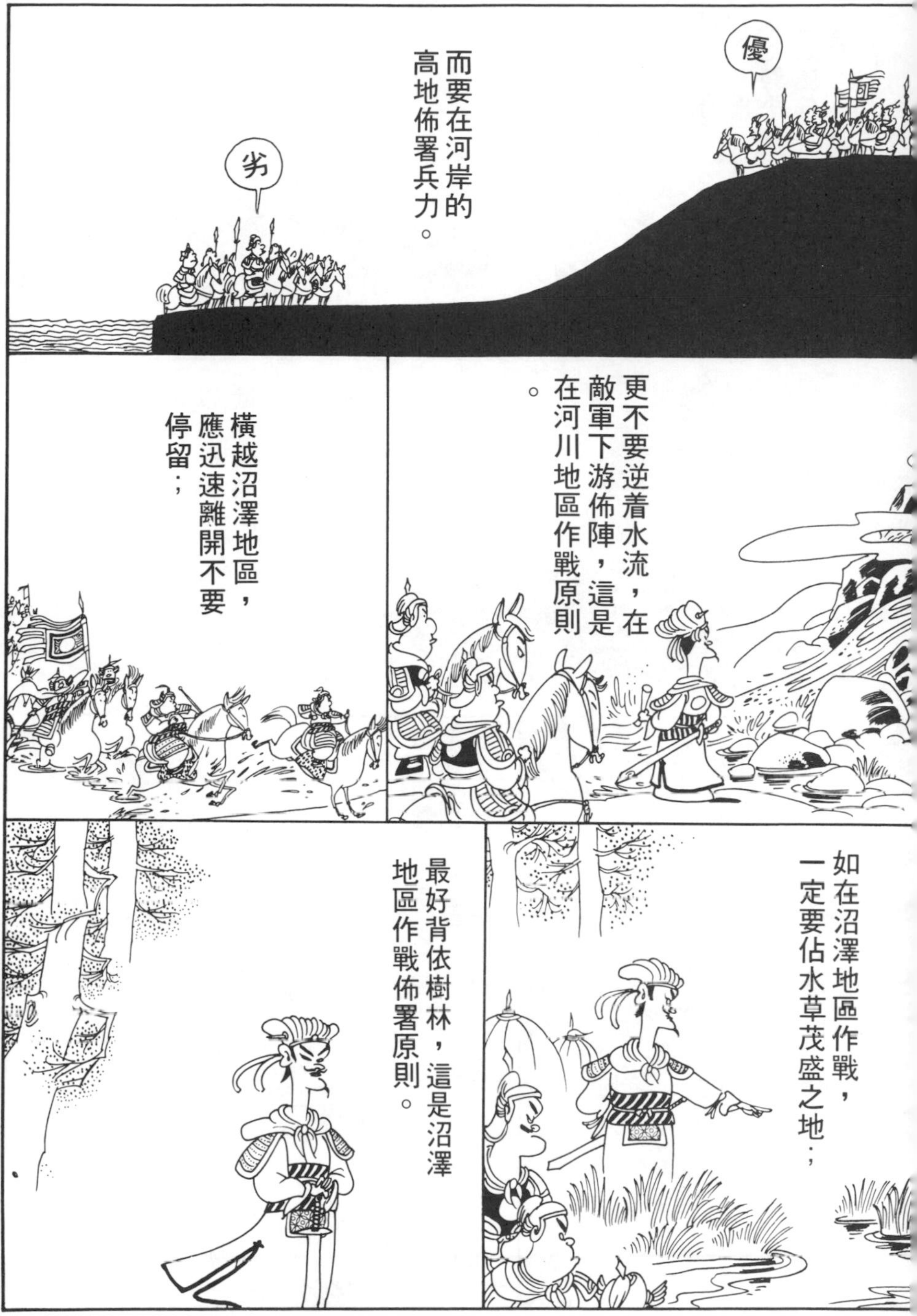
優
而要在河岸的高地佈署兵力。
劣
更不要逆着水流，在敵軍下游佈陣，這是在河川地區作戰原則。
橫越沼澤地區，應迅速離開不要停留；
如在沼澤地區作戰，一定要佔水草茂盛之地；
最好背依樹林，這是沼澤地區作戰佈署原則。

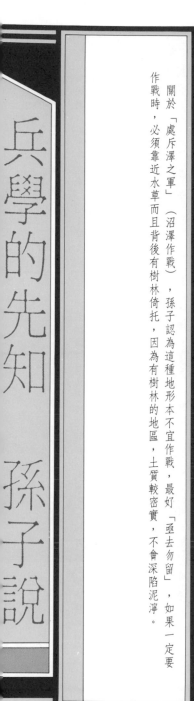

如在平原作戰，應在地勢平坦之處佈署。
右翼或背依高地，以地形前低後高為良好，這是平原作戰之要領。
以上四種作戰佈署之原則，是遠自黃帝時代就遵循的，
山地作戰
河川作戰
沼澤作戰要領
平原作戰
其所以能戰勝四方，都是依照這些原則。

兵學的先知 孫子說

關於「處平陸之軍」（平原作戰），孫子認為要選擇平坦的地形以利車馬，但右翼或側背要以高地為倚托，最好我居高；敵居低，這樣使敵人向我攻擊不易，而我向敵人俯衝則十分方便。

孫子說：「敵近而靜者，恃其險也；遠而挑戰者，欲人之進也；其所居易者，利也。」這是從敵人所居營舍駐地的位置，觀察其動靜。

敵軍距我很近而能保持鎮靜，是依仗其有險要地形。
敵軍距我很遠而又前來挑戰，是企圖誘我前進。
有種殺過來吧！
噠！
噠！
敵軍不居險要，而在平坦之處佈署，必有其自以爲利之處。

林中有很多樹木搖動，是有敵人來。
有雜草叢生處，設有許多障蔽物，是敵人故佈疑陣。
見鳥雀突然飛起，是有敵人埋伏。
見獸類奔逃，是有敵人來襲。
至於塵土，如高揚而且呈尖形，是兵車前來。
如低揚而面積廣者，是兵卒前來。

孫子說：「衆樹動者；來也。衆草多障，疑也。鳥起者，伏也。獸駭者，覆也。塵，高而銳者，車來也。卑而廣者，徒來也。」這是從地形地物的環境變化，觀察敵人的動靜。

孫子說：「辭卑而益備者，進也。辭強而進驅者，退也。」「輕車先出其側者，陣也。」「無約而請和者，謀也。」這些都是從敵方的行動上觀察，以判斷其下一步的動作。

如敵方的使者言辭謙卑，但軍旅却積極備戰，這是向我軍進擊的預兆。
敵方的使者如言辭強硬，並且在行動上擺出進迫之勢，這是敵軍後退的預兆。
敵軍如先派出戰車佔住兩側，是準備列陣和我決戰。
沒有提出保證或和約，僅口頭言和，則敵人必有計謀。

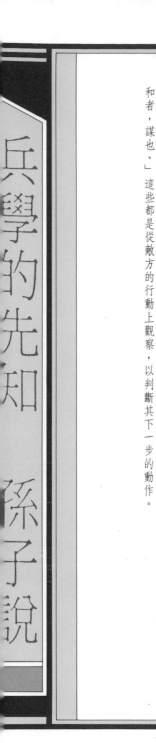

兵學的先知 孫子說

「地形」篇主要在說明「通」、「挂」、「支」、「隘」、「險」、「遠」等六種地形的利用，以及將帥因措置失當，以致犯了「走」、「弛」、「陷」、「崩」、「亂」、「北」六種錯誤的情形。

地形篇 第十

孫子曰：地形有通者，有挂者，有支者，有隘者，有險者，有遠者。我可以往，彼可以來，曰通；通形者，先居高陽，利糧道以戰，則利。可以往，難以返，曰挂；挂形者，敵無備，出而勝之，敵若有備，出而不勝，難以返，不利。我出而不利，彼出而不利，曰支；支形者，敵雖利我，我無出也；引而去之，令敵半出而擊之，利。隘形者，我先居之，必盈以待敵；若敵先居之，盈而勿從，不盈而從之。險形者，我先居之，必居高陽以待敵，若敵先居之，引而去之，勿從也。遠形者，勢均，難以挑戰，戰而不利。凡此六者，地之道也，將之至任，不可不察也。

故兵有走者，有弛者，有陷者，有崩者，有亂者，有北者；凡此六者，非天地之災，將之過也。夫勢均，以一擊十，曰走。吏強卒弱，曰弛。大吏怒而不服，遇敵懟而自戰，將不知其能，曰崩。將弱不嚴，教道不明，吏卒無常，陳兵縱橫，曰亂。將不能料敵，以少合衆，以弱擊強、兵無選鋒，曰北。凡此六者，敗之道也。將之至任，不可不察也。

夫地形者，兵之助也。料敵制勝，計險阨遠近，上將之道也。知此而用戰者，必勝；不知此而用戰者，必敗。故戰道必勝，主曰：無戰，必戰可也。戰道不勝，主曰：必戰，無戰可也。故進不求名，退不避罪，唯民是保，而利于主，國之寶也。

視卒如嬰兒，故可與之赴深谿；視卒如愛子，故可與之俱死。厚而不能使，愛而不能令，亂而不能治，譬若驕子，不可用也。

知吾卒之可以擊，而不知敵之不可擊，勝之半也；知敵之可擊，而不知吾卒之不可擊，勝之半也。知敵之可擊，知吾卒之可擊，而不知地形之不可以戰，勝之半也。故知兵者，動而不迷，擧而不窮。故曰：知彼知已，勝乃不殆；知天知地，勝乃可全。

所謂「通形」是平易開闊，四通八達、敵我均可以往來的地形，在這種地形作戰，要先佔領高地，而且確保補給線的暢通，以便於糧草的輸送。

地形
地形有通、挂、支，隘、、險、遠、六種類型。
通形
凡是我可以去，敵人也可以來的，是「通形」。
在這種地形作戰，先要佔據視野遼潤之高地。
並保持補給路線之通暢，才有利於作戰。

「挂形」是容易進；不易退的地形，如果敵人有備，斷我退路，就非常不利。「支形」則是我軍與敵軍之間有暴露的地段，如潮泊、河川、平原等，誰先出擊，誰就暴露身形，所以不可先出，要誘使敵人離開險要，才集中主力攻擊。

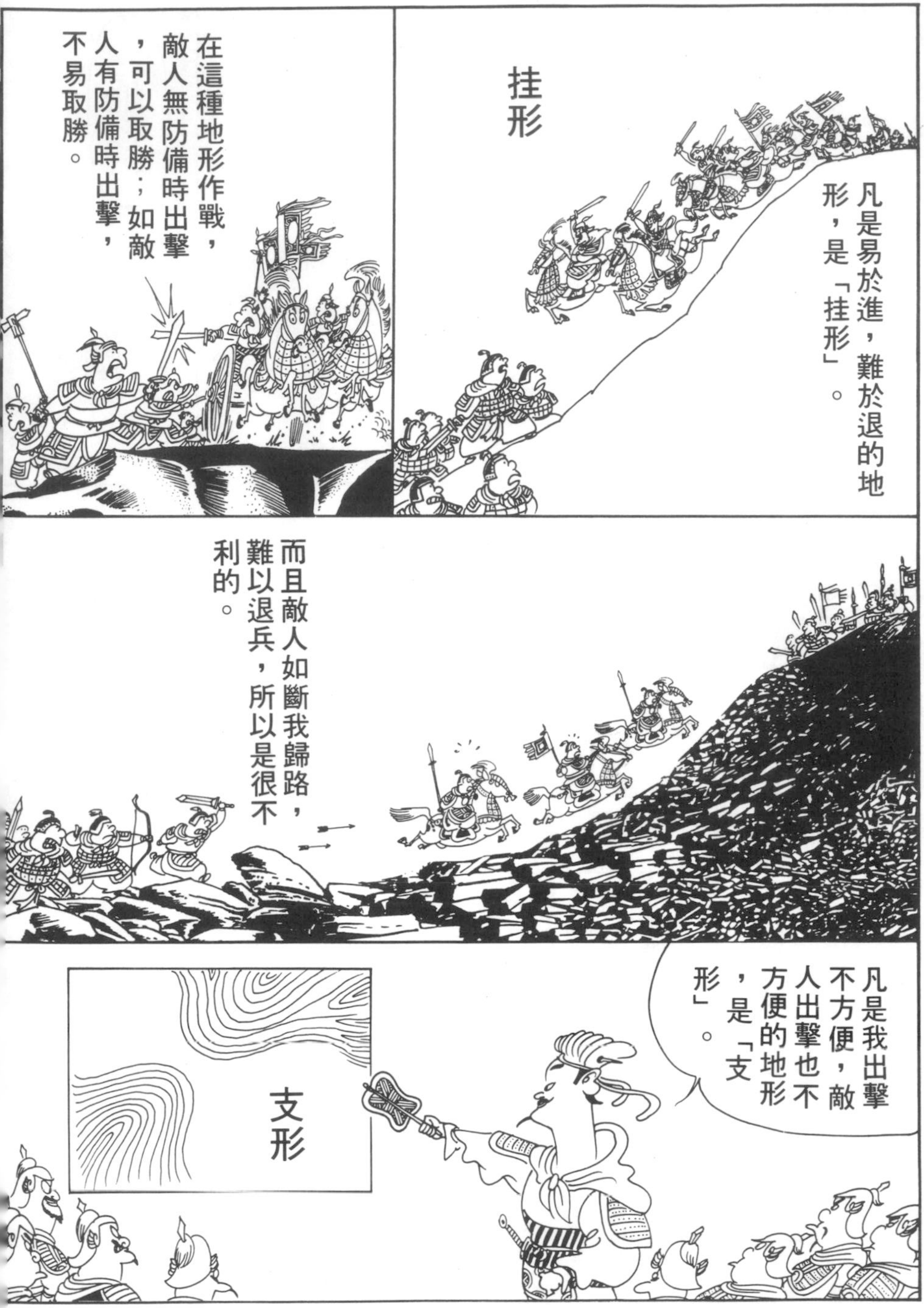
挂形
凡是易於進，難於退的地形，是「挂形」。
在這種地形作戰，敵人無防備時出擊，可以取勝；如敵人有防備時出擊，不易取勝。
而且敵人如斷我歸路，難以退兵，所以是很不利的。
凡是我出擊不方便，敵人出擊也不方便的地形，是「支形」。
支形

所謂「隘形」，是指兩山夾峙之隘道、隘口，在這種地形作戰，應先佔隘口，沿隘道做縱深佈署，如敵軍先佔隘口，不要冒險去攻擊，但是如敵軍守在隘道中間，隘口防守薄弱，則可發動攻擊，這就是孫子說的「盈而勿從，不盈而從之。」

這種地形，敵人儘管引誘我，我也不能出擊，可以帶兵退去，使敵人來追…
等敵軍有半數進入這種地形時，再回頭攻擊，才會造成有利的局面。
隘形
至於「隘形」地，我應該設法先佔據住，守住隘口制敵。
如果敵人先佔據隘口，而且在隘口佈置設防，決不能強行通過。
如敵人雖佔據隘地，但不是在隘口設防，就可以考慮進擊。

「險形」是指山峻谷深，易守難攻的地形，如我軍先佔，可以以佚待勞，如敵人先佔，則應放棄正面攻擊，另擇迂廻路線，以免陷於不利地位。

「遠形」是指敵我之間相距遼闊，我方沒有絕對的優勢兵力，又沒有有利地形掩護，主動出戰，形勢不利。所以孫子說：「遠形者，勢均，難以挑戰，戰而不利。」

險形
險形是重要險關要口，應先期佔領，並依據其制高點，以等待敵人。
如敵人先佔有時，當即引軍他去，千萬不可妄行攻擊之。
快撤退！
「遠形」
遠形是敵我相距甚遠，此時若勢均力敵，兵力相等，雙方都難以挑戰，更難取勝。
以上這六種，是地形利用的原則，也是主帥的首要職責，不能不仔細體察。

六敗
用兵作戰，有走、弛、崩、陷、亂、北六種情況。
這不是地形的災害，乃是人爲的錯誤，也就是將領的過失。
敵我兵力相等，可是不能集中兵力于決戰方面，反而以我的一，打敵人的十，叫做「走」。
自找死路！
軍隊裝備訓練都好，可是指揮官能力薄弱，叫作「弛」。
你們攻去，我先走……
指揮官優越，部隊士兵差，叫做「陷」。
進攻！
可是我們怕怕呀！

「六敗」不是地形之害而是人為錯誤，所以孫子說：「凡此六者，非天地之災，將之過也。」又說：「凡此六者，敗之道也。將之至任，不可不察也。」主要是提醒將帥要做正確的判斷，不要做錯誤的決定。

不過「六敗」之中，「走」、「北」兩項，確屬將帥的判斷正確與否，其餘「弛」、「陷」、「崩」、「亂」四項，都與平素訓練、號令紀律有關，所以孫子再三強調：「厚而不能使、愛而不能令、亂而不能治，譬若驕子，不可用也。

高級軍官驕橫，遇敵妄動，將帥又無法控制之，叫作「崩」。
不可進攻！
我才不像你這麼怕死呢！
將領約束不嚴，敎導無方，官兵沒有紀律，作戰佈署混亂，叫作「亂」。
集合
管他的。
將領料敵無方，以寡戰衆，以弱對強，用兵又無重點，叫作「北」。
這六種敗亡的原因，都是將領的責任，不可不詳細究察之。
都是我的錯才失敗了！

孫子在本篇又再度說明將帥之重要性，他認為將帥能「進不求名、退不避罪，唯民是保，而利於至，」這樣子的將帥才是「國之寶也」。

上將者國之寶
地形是輔助用兵作戰的重要條件，能利用地形克敵，則戰爭必勝；否則必敗。
戰必勝，全面進攻！
有必勝把握，即當堅定進行到底。反之，則應斷然中止作戰。
國家元首的命令，都可暫時不必顧慮。
戰必敗不可戰！
非戰不可！
爲將者，能進而不求名，退而不避罪，完全以國家民族利益爲重，才不愧爲國之寶。
能不求名避罪，唯民是保的將領，才是最好的將領。

「九地」篇主要說明九種戰略地形：「散地」、「輕地」、「爭地」、「交地」、「衢地」、「重地」、「圮地」、「圍地」、「死地」等，以及交戰於國境之內和交戰於國境之外的用兵原則。「九地」是孫子十三篇中最長的一篇，計一千餘字，可以說是對「九變」、「行軍」、「地形」等，有關戰場作戰地形利用的總結。

九地篇　第十一

孫子曰：用兵之法，有散地，有輕地，有爭地，有交地，有衢地，有重地，有圮地，有圍地，有死地。諸侯自戰其地者，為散地。入人之地而不深者，為輕地。我得則利，彼得亦利者，為爭地。我可以往，彼可以來者，為交地。諸侯之地三屬，先至而得天下之眾者，為衢地。入人之地深，背城邑多者，為重地。山林，險阻，沮澤，凡難行之道者，為圮地。所由入者隘，所從歸者迂，彼寡可以擊吾之眾者，為圍地。疾戰則存，不疾戰則亡者，為死地。是故散地則無戰，輕地則無止，爭地則無攻，交地則無絕，衢地則合交，重地則掠，圮地則行，圍地則謀，死地則戰。

古之所謂善用兵者，能使敵人前後不相及，眾寡不相恃，貴賤不相救，上下不相收，卒離而不集，兵合而不齊。合於利而動，不合於利而止。敢問：「敵眾整而將來，待之若何？」曰：「先奪其所愛，則聽矣；兵之情主速，乘人之不及，由不虞之道，攻其所不戒也。」

凡為客之道，深入則專，主人不克，掠於饒野，三軍足食，謹養而無勞，併氣積力，運兵計謀，為不可測，投之無所往，死且不北，死焉不得，士人盡力。兵士甚陷則不懼，無所往則固，深入則拘，不得已則鬪。是故，其兵不修而戒，不求而得，不約而親，不令而信，禁祥去疑，至死無所之。吾士無餘財，非惡貨也；無餘命，非惡壽也。令發之日，士卒坐者涕霑襟，偃臥者涕交頤，投之無所往，則諸劌之勇也。故善用兵者，譬如率然；率然者，常山之蛇也，擊其首，則尾至，擊其尾，則首至，擊其中，則首尾俱至。敢問：「兵可使如率然乎？」曰：「可。」夫吳人與越人相惡也，當其同舟濟而遇風，其相救也如左右手。是故，方馬埋輪，未足恃也，齊勇若一，政之道也；剛柔皆得，地之理也。故善用兵者，攜手若使一人，不得已也。

將軍之事，靜以幽，正以治，能愚士卒之耳目，使之無知。易其事，革其謀，使人無識，易其居，迂其途，使人不得慮。帥與之期，如登高而去其梯，帥與之深，入諸侯之地而發其機。若驅羣羊，驅而往，驅而來，莫知所之。聚三軍之眾，投之於險，此將軍之事也。九地之變，屈伸之利，人情之理，不可不察也。

凡為客之道，深則專，淺則散；去國越境而師者，絕地也；四達者，衢地也；入深者，重地也；入淺者，輕地也；背固前隘者，圍地也；無所往者，死地也。是故散地吾將一其志，輕地吾將使之屬，爭地吾將趨其後，交地吾將謹其守，衢地吾將固其結，重地吾將繼其食，圮地吾將進其途，圍地吾將塞其闕，死地吾將示之以不活。故兵之情，圍則禦，不得已則鬪，過則從。

是故不知諸侯之謀者，不能預交；不知山林險阻沮澤之形者，不能行軍；不用鄉導者，不能得地利；此三者不知一，非霸王之兵也。夫霸王之兵，伐大國，則其眾不得聚，威加於敵，則其交不得合。是故不爭天下之交，不養天下之權，信己之私，威加於敵，故其城可拔，其國可隳。施無法之賞，懸無政之令，犯三軍之眾，若使一人。犯之以事，勿告以言；犯之以利，勿告以害；投之亡地然後存，陷之死地然後生。夫眾陷於害，然後能為勝敗，故為兵之事，在於順詳敵之意，併力一向，千里殺將，是謂巧能成事。

是故政舉之日，夷關折符，無通其使，厲於廊廟之上，以誅其事，敵人開闔，必亟入之。先其所愛，微與之期，踐墨隨敵，以決戰事。是故始如處女，敵人開戶；後如脫兎，敵不及拒。

孫子說「散地無戰」，並非不抵抗之意，而是認為久戰於本國之內，士卒思鄉顧家，易於離散，所以「無戰」是不宜做大規模的會戰。而且，大戰於國境內，鄉里破壞很大，也不是最好的選擇。必不得已，非戰不可時，亦不必急於決戰，可誘敵深入，使敵人力量分散，再伺機決戰。所以孫子說的「無戰」，實含有多種意義。

地略
根據用兵的原則，有散地、輕地、爭地、交地、衢地、重地、圮地、圍地、死地等九類。
我軍在自己的領土內作戰，叫作「散地」。
國界
進入敵境不深的地區，叫作「輕地」。
國界
敵我得之均有利的兵家必爭之地叫作「爭地」。
我軍可以往，敵軍也可以來的地區，叫作「交地」。

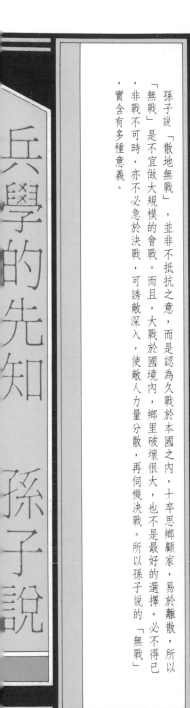

兵學的先知 孫子說

至於「爭地」、「交地」、「衢地」三者，都是屬於戰略目標，「爭地」是兵家必爭之地；「交地」是交通孔道；「衢地」是樞紐地區，所以皆不能單憑武力奪取，必佐以外交手段，用「伐謀」、「伐交」的方法取得控制權。

佔領之，可以控制鄰近各國的軍事行動者，叫作衢地。
深入敵國境內，已經過許多城邑者，叫作「重地」。
山嶽、森林、險要、沼澤等難於通行的地方，叫作「圮地」。
進入的途徑狹隘，退回的道路迂遠，敵人可以寡擊我之衆的地方，叫作「圍地」。
迅速決戰就可以生存，否則有敗亡可能的地區，叫作「死地」。

「輕地」是去國不遠的地區，士卒畏戰思鄉的心理，可能仍然存在，所以孫子說「輕地無止」，以免銳氣消失。不過就另一方面來看，如果沒有深入敵境的打算，亦可輕易退回國境，所以孫子也說：「合於利而動，不合於利而止。」

所以在散地，不宜早期決戰，當誘敵深入，再予重擊；
在輕地不宜停止，應繼續進軍；
遇爭地應事先佔領，不可等敵人佔領後，再進攻；
逢交地也應先佔領，以阻止敵人，並確保我軍後方連絡線；

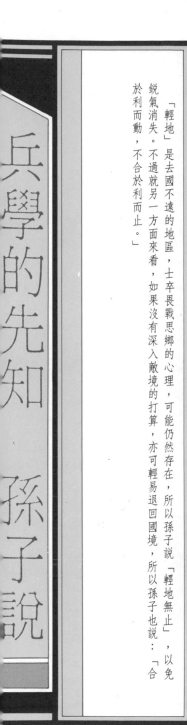

兵學的先知 孫子說

至於「重地」、「圮地」、「圍地」、「死地」，都是深入敵境之後的情形。其中孫子最重視「死地」，他除說：「死地則戰」外，還強調：「投之亡地然後存，陷之死地然後生」，以及「死地，吾將予之不活。」這是針對士卒的戰場心理而發的，士卒在極端困阨險要的境地中，求生之欲油然而生，自然能發揮勇氣，死中求生。

在「衢地」則應交結鄰邦；
在「重地」應就地補給；
在「圮地」應迅速離去；
快走！這裡最忌遭伏擊！
在「圍地」應用計謀脫困；
在「死地」應奮力死戰。

「內線作戰」是在中央位置，面對兩個或兩個以上方向之來敵作戰；「外線作戰」則是從兩個或兩個以上方向，向居中央位置的敵人發動攻擊。

「內線作戰」是在敵人分進而尚未合擊時，各個擊破；「外線作戰」則是由不同方向向目標集中，分進合擊，在同一時間內，集中優勢力量在一個決戰點上，兩者之優劣，難以一言蔽之，必須由將帥下決心，做判斷。

內線作戰
自古以來，善用兵作戰者，能使敵人前後無法顧及。
大部隊和小部隊之間無法連繫，各自爲戰，不能相救援。
也無法收兵轉移，士卒潰散不集中，主力未能齊一，即行攻擊。
總之，有利才行動，無利則不妄動。

孫子說：「是故始如處女，敵人開户、後如脫兔，敵不及拒。」主要意旨在說明作戰必求迅速，在敵人料想不到的時間、地點、發動優勢兵力，全面攻擊，一舉殲滅，這非靠「迅速」不可。

如果敵人以優勢的兵力，且行伍整齊向我進攻，該怎麼辦？
先攻擊敵人必須援救保護的目標，則能使敵人受制於我。
用兵之首，首在迅速、乘敵人措手不及。
走敵人料想不到的道路，攻擊敵人不防備的地方。

戰爭是威勢與力量的決戰，孫子是從這個角度來觀察，所以他說：「夫霸王之兵，伐大國，則其衆不得聚，威加於敵，則其交不得合。」這是政治與軍事力量的展示，但畢竟是霸道，而非王道。孫子在十三篇之首的「始計」中，以及其他各篇裡，均一再談到「修道保法」，可見他並不是一個霸道的擁護者，孫子只是就兵論兵，以用兵的威勢力量做一總結而已。

霸王之兵
不瞭解國際情勢者，不能運用外交；
抱歉！敝國的政策已改，對不起……
不熟悉山林險要沼澤地理者，不能行軍作戰。
不重用戰地鄉民作嚮導者，不能得地形地略的利用。
這三項缺一，就不能算是霸王的軍旅。

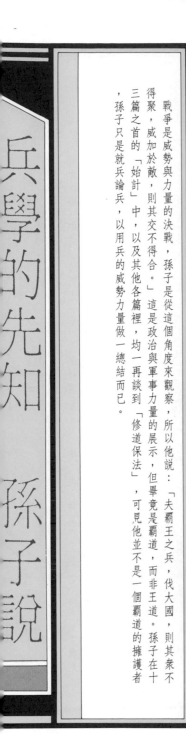

「率然」是古代傳說中的一種蛇，「率」在這裡讀音ㄕㄨㄞˋ，「速」也。神異經上說：「西方山中有蛇，頭尾差大，有色五彩，人物觸之者，中頭則尾至；中尾則頭至，名曰率然，會稽常山最多此蛇。」

用兵如常山之蛇
善於用兵者，就像「率然」一樣，「率然」是常山的蛇……
打它頭部，尾部就來救應；
打它尾部，頭部就來救應；
打它中間，頭尾一同來救。
用兵可以像這種蛇一樣嗎？
可以。

吳、越是世仇，孫子舉吳人和越人同乘一船而遇風浪時，彼此非互相幫助不可的例子，目的在說明士卒在不得已的境地時，非奮戰不可的道理。

例如吳人和越人交惡…
但若他們同乘一船而遇風浪時，也能如左右手一樣互相救援。
所以把馬匹縛在一起，把車輪埋起來，強行使動作一致，是靠不住的。
要使士卒勇敢齊一，有賴指揮得法，使強者與弱者各盡其力
而且還要明瞭地理形勢並加以利用。

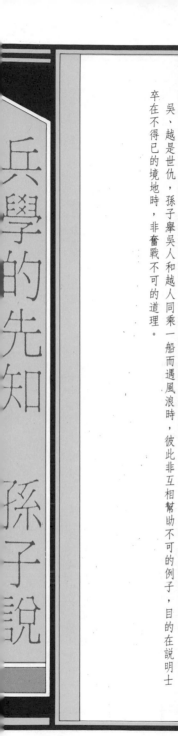

「九地」之中，孫子最重視「死地」，他除說「死地則戰」的話外，還一再強調「投之亡地然後存，陷之死地然後生」，以及「死地，吾將示之以不活。」這些都是針對士卒的心理而發。不過「置之死地而後生」並非用兵常道，不得已而用之，不能以常法視之。

善於用兵者，指揮大軍就像指揮一個人一樣容易，
拚了。
沒有後路了……
因爲他把士兵放在不得已的境地，使他們非戰不可。
良好的將領統帥百萬大軍，能使萬衆齊勇一心，生死與共互相救援。因爲他先將軍隊置於「死地」，士卒後無退路，不戰則亡，所以非力拚不可。

孫子兵法中，處處講「先勝」、「致人而不致於人」，所以「死地則戰」是不得已的辦法，「始如處女，敵人開戶，後如脫兔，敵不及拒。」使敵人完全料想不到我軍行動，才是克敵制勝之道。

始如處女，敵人開戶，後如脫兎，敵不及拒。
嘻嘻嘻…
軍事行動開始時，像處女一樣沉靜，讓敵人放鬆戒備；
像個黃花大閨女一樣…
沒經驗啊！
然後像脫兎一樣迅速，使敵人抗拒不及，取得勝利。

兵學的先知 孫子說

火攻主要說明「以火助攻」的方法，古代作戰的防禦工事多以木、竹、籐、革等材料為主，易於引火燃燒，因此火攻就是一項有力的武器，如果各方面配合得宜，往往可以一舉殲敵，所以孫子專列一章「火攻」，來說明「火力」之運用。

火攻篇　第十二

孫子曰：凡火攻有五：一曰火人，二曰火積，三曰火輜，四曰火庫，五曰火隊。行火必有因，煙火必素具。發火有時，起火有日。時者，天之燥也。日者，月在箕壁翼軫也。凡此四宿者，風起之日也。

凡火攻，必因五火之變而應之，火發于內，則早應之于外。火發而兵靜者，待而勿攻。極其火力，可從而從之，不可從而止。火可發于外，無待于內，以時發之。火發上風，無攻下風，　風久，夜風止。凡軍必知五火之變，以數守之。故以火佐攻者明，以水佐攻者強，水可以絕，不可以奪。

夫戰勝攻取，而不修其攻者凶，命曰費留。故曰：明主慮之，良將修之，非利不動，非得不用，非危不戰。主不可以怒而興師，將不可以慍而致戰；合于利而動，不合于利而止。怒可以復喜，慍可以復悅，亡國不可以復存，死者不可以復生。故明君慎之，良將警之，此安國全軍之道也。

施行火攻必須具備一定的條件，同時引火的工具也要經常準備，時機上要選擇天氣乾燥，久旱不雨的季節。另外還要注意起風的日期，當月亮與二十八宿中箕、壁、翼、軫四宿成一線時，就是起風的日子，所以火攻運用必略知天象不可。

火攻有五
用火攻敵有五種方式：一是火燒殺敵軍士卒，二是火燒敵軍堆積之糧秣，三是火燒敵軍之輜重運輸，四是火燒敵軍之倉庫儲藏，五是火燒敵軍大隊人馬。
發動施行火攻必須具備一定的條件，同時引火的工具也要經常準備。
發動火攻要乘有利時機，引燃火勢也須選擇有利的日子。
所謂時機是指天氣乾燥，久旱不雨；
所謂有利的日子是指月亮運行到箕、壁、翼、軫四個星宿時，就是起風的日子。

孫子由「火攻」說到用兵之是否合於國家利益之大前提，這是頗有感慨之言。因為國君和將帥一怒而興兵，其後果往往和一場大火後的劫難一樣，火焚萬戶不過頃刻之間的事，而重建恢復，則需極長的時間，因此國君和將帥在興兵前，必須先考慮是否合於國家利益。

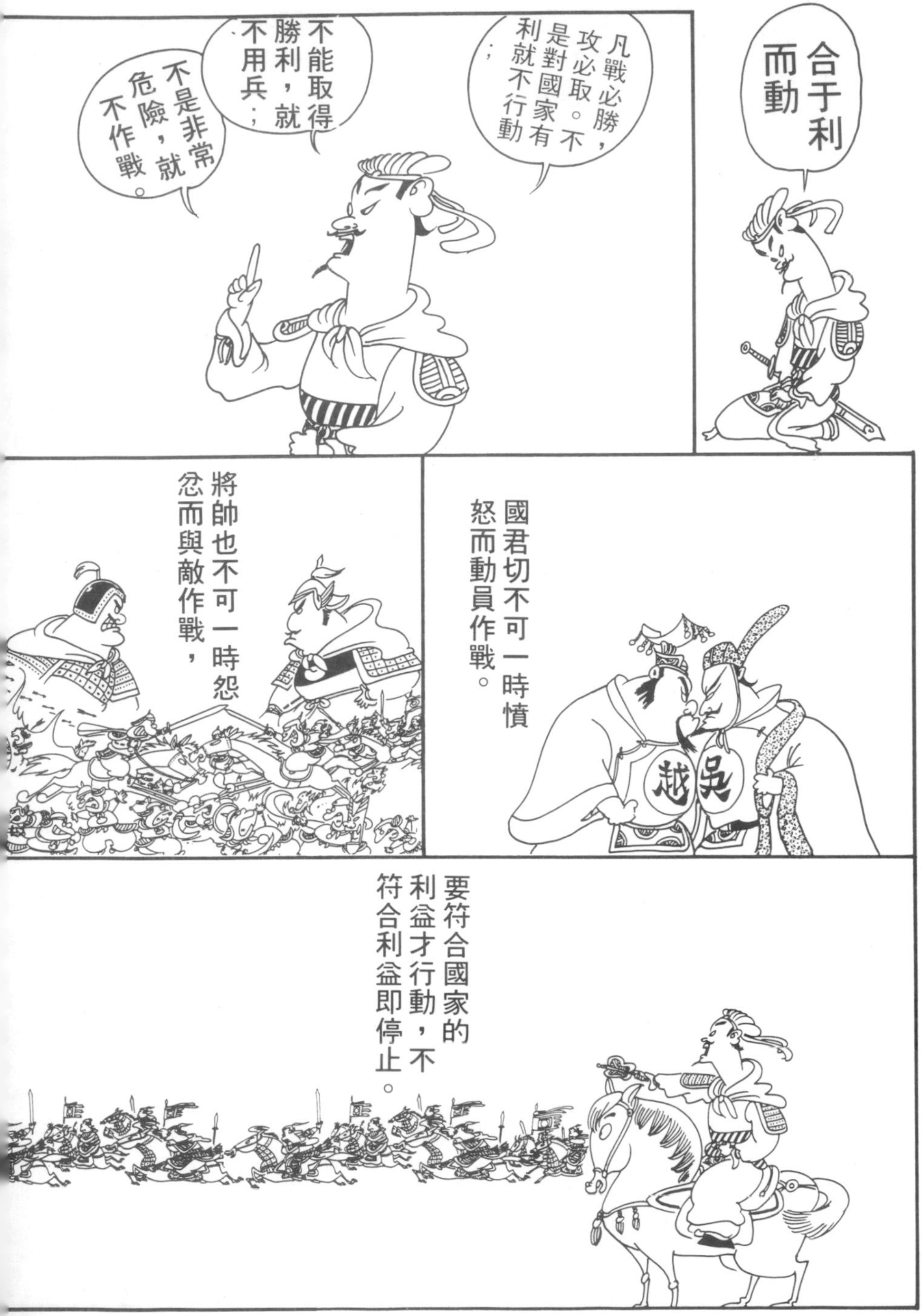
合于利而動
凡戰必勝，攻必取。不是對國家有利就不行動；
不能取得勝利，就不用兵；
不是非常危險，就不作戰。
國君切不可一時憤怒而動員作戰。
越
吳
將帥也不可一時忿而與敵作戰，
要符合國家的利益才行動，不符合利益即停止。

孫子再三強調「安國全軍」之道，認為：「非利不動，非得不用，非危不戰。主不可怒而興師，將不可慍而致戰，合於利而動，不合於利而止。」其基於國家安全的整體考量，真是高瞻遠矚之見。

憤怒可以轉爲喜悅，怨忿可以轉爲高興，
但是國家亡了，就無法恢復舊觀；人死了，更不能再復活。
所以明智的君主一定要愼重用兵，傑出的將領一定要戒惕用兵……
這是安定國家，保全軍旅的根本所在。
明智的國君，對於戰爭遂行的決定，必須綿密考慮，因爲它關係到百姓的生死，國家的存亡。

兵學的先知 孫子說

「用間」是孫子兵法最末一篇，「始計」是對戰爭的通盤考慮估算，所以放在最前面，「用間」是知敵察敵的手段，也是致勝關鍵，所以放在最後。

孫子認為：「不知敵之情者，不仁之至也。」是強調情報工作之重要性，如果因不知敵情而失敗，則一切努力白費外，還白白犧牲人民的生命財產，所以孫子要批評為「不仁」了。

用間篇 第十三

孫子曰：凡興師十萬，出征千里，百姓之費，公家之奉，日費千金，內外騷動，怠于道路，不得操事者，七十萬家，相守數年，以爭一日之勝，而愛爵祿百金，不知敵之情者，不仁之至也，非人之將也，非主之佐也，非勝之主也，明君賢將，所以動而勝人，成功出于衆者，先知也；先知者，不可取于鬼神，不可象于事，不可驗於度；必取于人，知敵之情者也。

故用間有五：有鄉間、有內間、有反間、有死間、有生間。五間俱起，莫知其道，是謂神紀，人君之寶也；鄉間者，因其鄉人而用之，內間者，因其官人而用之。反間者，因其敵間而用之。死間者，爲誑事于外，令吾間知之，而傳于敵。生間者，反報也。

故三軍之事，親莫親于間，賞莫厚于間，事莫密於間，非聖智不能用間，非仁義不能使間，非微妙不能得間之實。微哉！微哉！無所不用間也！間事未發而先聞者，間與所告者皆死。

凡軍之所欲擊，城之所欲攻，人之所欲殺；必先知其守將，左右，謁者，門者，舍人之姓名，令吾間必索知之。必索敵間之來間我者，因而利之，導而舍之，故反間可得而使也。因是而知之，故鄉間、內間可得而使也；因是而知之，故死間爲誑事，可使告敵；因是而知之，故生間可使如期。五間之事，主必知之，知之必在于反間，故反間不可不厚也。

昔殷之興也，伊摯在夏。周之興也，呂牙在殷。故明君賢將，能以上智爲間者，必成大功，此兵之要，三軍之所恃而動也。

用間
凡動員十萬大軍，遠征千里，人民的損耗加上國家的開支，每天都要用很多錢。
而且舉國騷動，人馬疲於奔命，百姓不能從事本身職業的，將達七十萬家。
敵我對抗幾年，爭的就是最後勝利的一刻……
如果吝嗇爵祿和金錢，以致作不好情報，不明敵情而遭失敗，那就太沒有仁心了。
這種人，不是軍旅的好統帥，不是國軍的好助手，更不能成爲勝利的主宰！

「用間」主要說明運用間諜，達到知敵察敵的目的。以舉國之力，爭勝負於疆場。這是國家人民安危之所繫，因此敵人之一舉一動都應詳為偵察，所以派間諜探敵情實為用兵克敵不可缺少的一環。

孫子兵法最可貴的是具備科學的精神，在二千五百年前的時代，孫子能不宥於占卜星象，強調以具體正確的情報工作，做為將帥用兵的研判資料，毫不滲入迷信的色彩，的確難能可貴。

所以英明的君主，賢能的將帥，之所以能一出兵就能勝戰敵人，就是能先瞭解敵情。
要明瞭敵情，不可取決於鬼神迷信；
不可以用過去相似的事做比批推測；
也不可以用占卜問卦作依據。
一定要取決於間諜的情報，才能眞正瞭解敵情。

「鄉間」和「內間」都是利用敵國的人民或官吏做間諜，孫子說：「鄉間者，因其鄉人而用之；內間者，因其官人而用之。」不過間諜人選的產生，並非易事，而且有時需付出大的代價才能收買敵國的人民或官吏當間諜。

五間
使用間諜有五種：有鄉間、有內間、有反間、有死間、有生間。
五種間諜同時運用起來，使敵人莫測高深，有神話般的奧妙，這是國家元首最重要的法寶。
「鄉間」就是利用本國鄉人，住在敵國做間諜。
「內間」就是利用敵國官吏作間諜。

「反間」就是利用或收買敵人間諜而為我所用；
「死間」就是利用我方間諜，送假情報給敵人，或奉命赴敵國工作不期生還者。
我說我說，我把所知道的情報通通說出來……
「生間」就是指派間諜刺探敵情後，回國報告情報。
所以軍中一切事務，沒有比間諜更親信了，
也沒有比間諜賞賜更厚了，
他的待遇比我們好多了…
沒有比間諜更能付予機密的了。
身負機密，神出鬼沒。

孫子在「五間」之中，特別重視「反間」，認為「五間之事，主必知之，知之必在於反間。」就現代眼光來看，「反間」之運用之道，也可視之為反情報的工作範圍，如「必索敵間之來間我者。」其實就是保密防諜的反制技巧。

不是才智過人的將帥，
不能運用間諜；
不是大仁大義的人，
不能差遣間諜；
不是用心微細手段巧妙的人，
不能鑑別間諜情報之眞僞。
微妙啊！微妙啊！
眞是無處不可用間。
不過用間的計謀
尚未施行就洩露的話，
間諜與洩密者，都應處死。

孫子說：「非聖智不能用間，非仁義不能使間。」間諜深入危境，隨時有犧牲之可能，苟無崇高的目標與理想，斷不會置生死於度外，人君必行仁義而後才能使間，這是孫子語重心長的話。

間諜所擔任的工作是情報的蒐集、分析、研判工作，所以舉凡軍旅所至的地區目標情況，守將習性，甚至其左右人士，門房侍衛都要弄清楚，這種嚴密的情報資料蒐集，當然可以幫助將帥瞭解敵情。

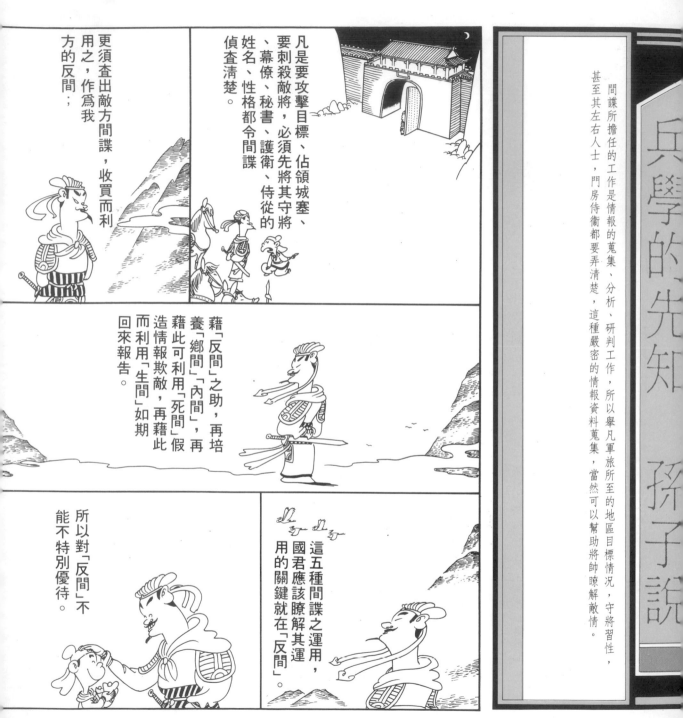

凡是要攻擊目標、佔領城塞、要刺殺敵將，必須先將其守將、幕僚、秘書、護衛、侍從的姓名、性格都令間諜偵查清楚。
更須查出敵方間諜，收買而利用之，作爲我方的反間；
藉「反間」之助，再培養「鄉間」「內間」，再藉此可利用「死間」假造情報欺敵，再藉此而利用「生間」如期回來報告。
這五種間諜之運用，國君應該瞭解其運用的關鍵就在「反間」。
所以對「反間」不能不特別優待。

近代對「情報」二字的定義有：「情報即知識」、「情報即智慧」的說法，可見情報工作非大智之士不能擔任，所以孫子說「間必上智」、「能以上智為間、必成大功」，這是因為整個軍旅的行動都靠著情報工作是否正確而後才行動的道理。

從前商朝的興起，是因爲伊尹曾在夏朝爲臣；
周朝的興起，是因爲姜尚曾在商朝爲臣。
所以明智的國君和將帥能運用智慧高明的人材作情報工作，一定能成大功。
這是用兵作戰的首要，整個軍旅都要依靠間諜提供情報，才能採取行動。

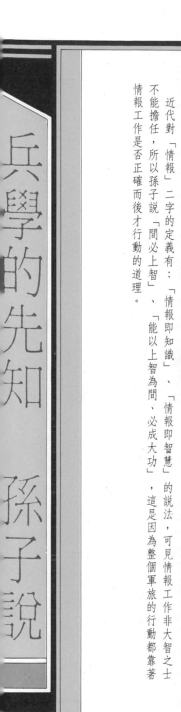

東方兵聖—孫子

⊙編輯室

●約二千五百年前的春秋時代，南方的吳國出現了一位孫子，他不但是出類拔萃的軍事天才，而且是中國歷史上首屈一指的兵學大師。司馬遷的「史記」和「趙曄」的「吳越春秋」是記載孫子事蹟較爲詳細的兩部書；除此之外，漢代以前的古書關於孫子的記載極少，「荀子」議兵篇、「韓非子」五蠹篇、「國語」魏語，都曾提到孫子善用兵，其它有關家世、出身等，一概沒說，因此孫子的身世實在是一個撲朔迷離的疑案，歷代對於孫子都有不同說法和看法。中國自軒轅黃帝開國，到春秋時代，二千餘年間，經歷無數次的戰爭，在不斷同化兼併的過程中，民族戰爭的經驗已非常豐富，孫子即融合這些戰爭經驗，完成其十三篇兵法，這是中國第一部最完整、最系統化的軍事思想著作，對於戰爭原理原則的闡述，綱舉而目張，曲盡而精微，自宋代以後，尊奉爲武經，與儒學並稱，同爲立國之文武兩翼。雖然孫子的生平家世資料留下的太少，但是孫子的十三篇兵法，都是中國軍事思想的結晶；他的一生也正如他的兵法一樣：「微乎！微乎！至於無形，神乎！神乎！至於無聲。」讀其兵法如見其人，我們只有從孫子的十三篇兵法中去認識孫子了。

●「孫子說」是深受廣大讀者喜愛的漫畫大師蔡志忠的最新力作，再一次深入淺出將艱深古藉中所醞藏的深意傳達給讀者，想必定會深獲您的喜愛。

●這本書仍然是新中國出版社與本公司同步發行，其中所有序文及旁註文，皆由新中國出版社整理完成，在此謹奉謝意。

時報漫畫叢書079

兵學的先知——孫子說

蔡志忠作品全集006

作者／蔡志忠

董事長
發行人 —孫思照
總經理—莫昭平
總編輯—林馨琴
出版者—時報文化出版企業股份有限公司
108台北市和平西路三段二四〇號五樓
發行專線—（02）2306-6842
讀者服務專線—0800-231-705・（02）2304-7103
讀者服務傳眞—（02）2304-6858
郵撥—01038540 時報出版公司
信箱—台北郵政79～99信箱
時報悅讀網—http://www.readingtimes.com.tw
電子郵件信箱—comics@readingtimes.com.tw
登記證／行政院新聞局局版北市業字第八〇號

執行編輯／高重黎
編　　輯／黃健和
資料編輯／徐瑜
印　　刷／富昇印刷股份有限公司
初版一刷／一九九〇年五月一日
初版三十刷／二〇〇三年二月二十六日

ISBN 957-13-0138-8
Printed in Taiwan
定價／新台幣150元